実践

コンピュータ
アーキテクチャ
（改訂版）

工学博士
坂井 修一 著

コロナ社

ま え が き

「コンピュータを作る」とは，マイクロプロセッサの中身を作ることである。Intel や AMD の既存のマイクロプロセッサチップを既存のマザーボードに載せることではない。この意味で，世界中のほとんどの若者が，コンピュータを作ることをしていない。これは，未来の情報科学やコンピュータ産業にとって，たいへんな問題である。

この本では，コンピュータアーキテクチャとは何かを学びつつ，実際にコンピュータを設計する。幸い，いまは開発環境として，CAD（computer aided design）が充実しており，FPGA（field programmable gate array）によるハードウェア実験も容易となった。だれでもコンピュータが設計・試作できる時代なのである。実際，この本を使ってコンピュータを作ってみれば，それがいかに簡単なことかわかるだろう。

私の先の教科書『コンピュータアーキテクチャ』（電子情報通信学会編，コロナ社発行）では，コンピュータがなぜプログラムを実行できるのか，その一点を徹頭徹尾簡明に述べた。本書は，この教科書で学んだコンピュータをほぼそのままの形で実際に設計してみる。どんな分野でも読書による理解と実験・製作は不可分のものである。もちろん，コンピュータでもそうである。

本書は独立した本であり，これだけ単独で使っていただければと思う。『コンピュータアーキテクチャ』を読み通した方には，本書の1章，5章，6.1〜6.4節は復習である。これらを読み飛ばして2〜4章，6.5節，それに7〜9章を学習し，実践していただければと思う。逆に本書から始められる方は，本書をクリアしたところで，『コンピュータアーキテクチャ』の4章から読み始めていただければと思う。本書の範囲の外にあるパイプラインの技術や，キャッシュ，仮想記憶，並列処理，アウトオブオーダ処理などの技術を学ぶことができると思う。

1章では，1本の線による1ビットの表現から組合せ回路，順序回路，コンピュータの計算サイクルまでを概説した。続いて，2章では CAD を使った回路入力の初歩を示した。この本では，Altera 社の Quartus II という CAD ツールを用いており，回路入力はおもに Verilog HDL による。他社の CAD ツールを使い，他の HDL を用いる場合でも基本的には同じ手順を踏むことになる。3章では Verilog HDL を概説している。続いて4章では，Verilog

HDL によるシミュレーション記述について学び，これを動作させる環境として Modelsim を導入する。ここまでで CAD の準備を一通り終えた後，5 章で RISC 型マイクロプロセッサのアーキテクチャの基本を学ぶ。6 章では命令セットの設計とアセンブラの実装を学ぶ。命令セットアーキテクチャは，『コンピュータアーキテクチャ』のそれと同じものである。アセンブラは文字列処理に適した Perl 言語で作成した。7 章では基本プロセッサの設計を行う。続いて 8 章では，基本プロセッサをシミュレーションによって検証し，最後に 9 章で FPGA 評価ボードの上に実装する。

　以上，読者は，1 本の線の実装からマイクロプロセッサまで，順番に設計し，シミュレーションし，最後は FPGA 上に実装することになる。その過程で Verilog HDL，Quartus II，Modelsim といくつか CAD ツール群を使うことになる。焦らず，じっくりとエンジョイしてほしい。途中でさぼるのはかまわないが，忘れてしまわないうちに戻ってくること。

　本書は大学の学部学生の実験のための教科書として書かれた。東大での実験にあたって，アドバイスいただいた五島正裕准教授，TA を務めてくれた坂井・五島研究室の塩谷亮太君，金大雄君，杉本健君，履修した電子・情報系の学生諸君にはお礼をいいたい。前著に続いて本書の出版をお引き受けいただいたコロナ社の皆様にも感謝申し上げる。

　　2009 年 2 月

坂井　修一

改訂版にあたって

　2015 年 12 月，Altera 社が Intel 社に買収されたことにより，CAD ツールである Quartus のバージョン，ダウンロード法が変わり，表示される画面が全部変更になった。また，新しい FPGA 評価ボードも販売された。このため，本書もこれに合わせて，ダウンロードサイトの変更，設計やシミュレーションの図を差し替え，FPGA 評価ボードの変更などの改訂を行った。

　　2020 年 3 月

坂井　修一

目　　　次

1.　は じ め に

2.　ディジタル回路の入力

3.　ハードウェア記述言語 Verilog HDL

6.　命令セットアーキテクチャとアセンブラ

7.　基本プロセッサの設計

8.　基本プロセッサのシミュレーションによる検証

9.　FPGA による実装

1 は　じ　め　に

コンピュータ設計は，2進数によるディジタルな表現から始まる。本章では，ディジタルな表現とは何か，基本論理素子，組合せ論理回路，フリップフロップ，順序回路，計算のサイクルについて学ぶ。

1.1　ディジタルな表現

1.1.1　1本の線＝1ビットの信号

今日，ほとんどの**データ**（data）は一度**ディジタル**（digital）な表現に整形されてから用いられている。そして，ディジタルなデータを記憶したり，整形したり，計算したり，入力したり，出力したりする主役が，この本で登場する**ディジタルコンピュータ**（digital computer）である。本書では，単に**コンピュータ**（computer）といえばディジタルコンピュータを指すとする。

本書で設計するコンピュータは，2値論理をとる。現行のほぼすべてのコンピュータがこの方式である。このコンピュータでは，1本の線で，0，1の2種類のデータを表現する。1本の線が運ぶ情報量を，**1ビット**（bit）と呼ぶ。

ディジタルな表現では，**図1.1**のように信号の「値」を定義する。線の上の信号は，電圧で表される。電圧が高いとき，値を1とし，電圧が低いときに値を0とする。電圧の「高い」，「低い」を決める値を**しきい値**（threshold）と呼び，図では V_{th} で表している。

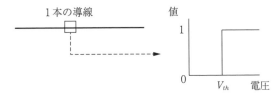

1本の導線　　　　　　値

図1.1　1　本　の　線

1本の線の設計とは，電気の通る導線をもってくるだけのことである。この導線に信号を書き込んだり，導線づたいに信号を遠くへ運んだり，この導線から信号を読み出したりする。書き込んだ信号は，遅延なくそのままの電圧で読み出されるのが理想である。

1.1.2 *n* 本の線 = *n* ビットの信号

2 進数で桁の数を表現するには，*n* 本の線を使う（**図1.2**参照）。これで *n* ビットが表現されたという。図1.2では，2 進数の 0101，すなわち 10 進数の 5 を表現している。2 進数はある数を表現するのに多くの桁を必要とするが，一つ一つの桁は 0 か 1 となって単純である。

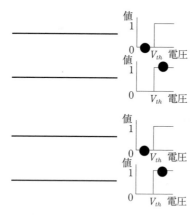

値 = 0101（10 進数の 5）

図1.2 *n* 本の線（例では *n* = 4）

基準となる桁数 *n* はコンピュータによって異なるが，パソコンや**サーバ**（server）で使われている**マイクロプロセッサ**（microprocessor）の場合，これは 32 または 64 であることが多い。組込み型 **CPU**（central processing unit）の場合，これは 8 や 16 のこともある。基準となる *n* ビットのデータのことを**語**（word）と呼び，*n* を**語長**（word length）と呼ぶ。

n 本の線では，0 から 2^n-1 までの数を表すことができる。

1.1.3 負　の　数

2 進数で負の数を表すためには，**補数**（complement）表示を用いる。補数表示とは，最上位のビットが符号を表すものとし，これが 0 のとき正の数，1 のとき負の数とみなすという数の表現法である。補数表示によって，電子計算機の中では，加減算はすべて正の加算とわずかな補正だけで行えるようになる。現在のコンピュータでは，**2 の補数**（2's complement）によって負の数を表す（**図1.3**参照）。

2 の補数表示では，負の数 $-x$ を表すのに，2^n-x を用いる。2 の補数は，x の各桁の 1 と 0 を反転し，結果に 1 を加えたものとなる。2 の補数表示をとった場合，-2^{n-1} から $2^{n-1}-1$ までの数を表すことができる。

符号	x が正のとき x x が負のとき $2^n - x$

2 の補数表示
符号は，正のとき 0，負のとき 1

図1.3 2 の補数による
負の数の表現

いま，3 桁の数を例として考えると，-6 の 2 の補数表示は 1010 となる。

1.1.4 実　　　　　数

実数の表現法には，大きく分けてつぎの二つがある。

〔1〕 **固定小数点による表現**　　整数の表現と同じだが，何桁目かに小数点があると約束しておく。

特別な回路を用意する必要はないが，演算（特に乗算と除算）をするたびに小数点の位置合わせのための**シフト**（shift，桁移動）が必要になる。シフトはプログラマがプログラムしてやらなくてはならない。

〔2〕 **浮動小数点による表現**　　符号，数値，桁数をそれぞれ決められたビット数で表現する。

ふつう，演算のために特別な回路を用意する。そうすれば，演算に際して，プログラムによる補正は不要となる。

図1.4 に，32 ビットで有効数字 23 桁，2 進数で ±127 桁を浮動小数点によって表現したものを示す。

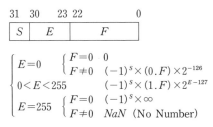

$$
\begin{cases}
E = 0 & \begin{cases} F = 0 & 0 \\ F \neq 0 & (-1)^s \times (0.F) \times 2^{-126} \end{cases} \\
0 < E < 255 & (-1)^s \times (1.F) \times 2^{E-127} \\
E = 255 & \begin{cases} F = 0 & (-1)^s \times \infty \\ F \neq 0 & NaN \ (\text{No Number}) \end{cases}
\end{cases}
$$

図1.4 32 ビットの浮動小数点による
実数の表現

固定小数点・浮動小数点のどちらをとるにしても，有効桁数以上の精度で実数を表現することはできないため，これを超える数については近似値で表す。近似によって生じる誤差については，プログラムを作るときに十分に神経を使わなければならない。

1.2 組合せ論理回路＝計算の実現

1ビットのデータ，あるいは n ビットのデータを足したり引いたりして，計算することを考える。計算は論理式で表現され，組合せ論理回路として実現される。

1.2.1 計算とは何か

計算とは，1個以上のデータから新たなデータを作ることである。コンピュータではすべてのデータは2進数で表されるから，これは，1個以上の2進数から，新たに1個以上の2進数を作る関数を定義することになる。こうした関数を**論理関数**（logic function）といい，論理関数を実現する回路のことを**組合せ論理回路**（combinatorial logic circuit），または**組合せ回路**（combinatorial circuit）という。

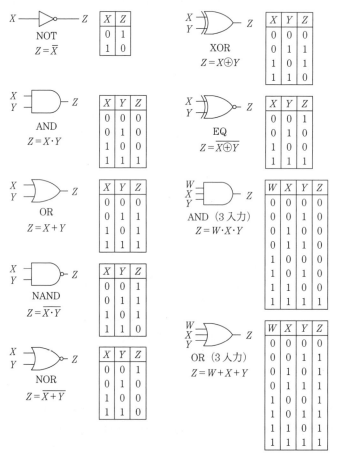

図1.5 代表的な組合せ論理回路の基本素子

　組合せ論理回路の設計の一般論は，論理回路の教科書にゆずるが，ここではつぎの2点だけを確認しておく。

---

① すべての組合せ論理回路は，数種類の基本素子を用いて作ることができる。

② 組合せ論理回路は，一定の手順によって簡単化できる。ここで簡単化とは，回路規模を小さくし，遅延を短くすることをいう。

　図1.5に代表的な組合せ論理回路の基本素子を示す。図で，W, X, Yが入力であり，Zが出力である。素子の図の右に記した表は，与えられた入力に対する出力の値を示したもので，**真理値表**（truth table）と呼ばれる。各素子は数個のトランジスタを組み合わせた簡単な電子回路として作ることができる。

1.2.2　1ビットの加算

　加算はすべての演算の基本である。**図1.6**に1ビットの加算を行う回路を示す[†]。図（a）は下位の桁からの**桁上がり**（carry in，図ではC_{in}）がない場合，図（b）は下位の桁からの桁上がりがある場合である。

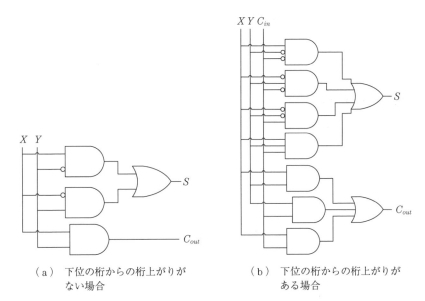

（a）下位の桁からの桁上がりが
　　　ない場合

（b）下位の桁からの桁上がりが
　　　ある場合

図1.6　1ビットの加算を行う回路

　1ビットの加算の回路は，入力X, Y（とC_{in}）を足し合わせて，和Sと桁上がり出力C_{out}を得るものである。

[†]　図で小さな白丸はNOTを表す。

1.2.3　nビット加算器

図1.6（b）の回路をn個並べ，それぞれの桁上げ出力を一つ上位の桁上げ入力につなげてみよう（**図1.7**参照）。これで，nビット加算器ができたことになる。図1.7で，C_iはi（$1 \leq i \leq n$）桁目の桁上がり出力を表す。

図1.7の回路で生成に最も時間のかかる出力信号は，C_nである。現実のコンピュータで使われる加算器では，桁上げを高速に計算するための工夫がなされている。

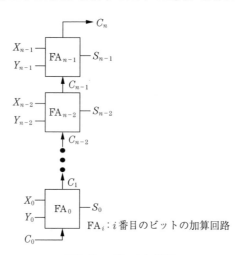

図1.7　nビット加算器

1.2.4　減 算 の 実 現

減算$X-Y$は，$X+(-Y)$を計算すればよい。$(-Y)$はYの2の補数をとれば求められる。1.1.3項で述べたとおり，2の補数は，Yの各桁の1と0を反転し，結果に1を加えたものとなる。このことから，nビットの減算器は，図1.7のnビット加算器と，NOT回路で作ることができる。これを**図1.8**（a）に示す（最下位の桁上げ入力に1を入れている点に注意せよ）。

図（a）は内部に加算器を含んでいるので，これを減算器としてだけ使うのはもったいな

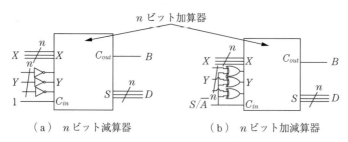

（a）　nビット減算器　　　　　（b）　nビット加減算器

図1.8　減算器と加減算器

い。図（b）のようにすれば，n ビットの加算と減算を両方実行できる回路（加減算器）となる。図中で，信号 $S/\overline{A}$ は回路の動作を決める制御信号であり，この回路は $S/\overline{A}=0$ のとき加算器となり，$S/\overline{A}=1$ のとき減算器となる。

1.2.5 ALU

マイクロプロセッサの中には加減算器をもう少し複雑にした演算器が入っている。これは通常，**算術論理ユニット**（arithmetic logic unit，略して **ALU**）と呼ばれる。ALU は，加減

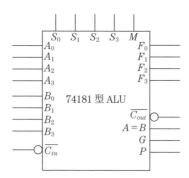

A, B はデータ入力，F はデータ出力。S と M は制御信号。
C_{in} は桁上がり入力，C_{out} は桁上がり出力。
$A=B$ は 2 組みのデータ入力の値が等しいときに 1 となる（出力）。
G, P は桁上げ信号（出力）。

（a）　入出力線

制御信号				$M=1$: 論理演算	$M=0$：算術演算	
S_3	S_2	S_1	S_0		$\overline{C_{in}}=0$	$\overline{C_{in}}=1$
0	0	0	0	$F=\overline{A}$	$F=A$	$F=A$ **PLUS** 1
0	0	0	1	$F=\overline{A+B}$	$F=A+B$	$F=(A+B)$ PLUS 1
0	0	1	0	$F=\overline{A}\cdot B$	$F=A+\overline{B}$	$F=(A+\overline{B})$ PLUS 1
0	0	1	1	$F=0$	$F=1111$	$F=ZERO$
0	1	0	0	$F=\overline{A\cdot B}$	$F=A$ PLUS $A\cdot\overline{B}$	$F=A$ PLUS $A\cdot\overline{B}$ PLUS 1
0	1	0	1	$F=\overline{B}$	$F=(A+B)$ PLUS $A\cdot\overline{B}$	$F=(A+B)$ PLUS $A\cdot\overline{B}$ PLUS 1
0	1	1	0	$F=A\oplus B$	$F=A$ **MINUS** B **MINUS** 1	$F=A$ **MINUS** B
0	1	1	1	$F=A\cdot\overline{B}$	$F=A\cdot\overline{B}$ MINUS 1	$F=A\cdot\overline{B}$
1	0	0	0	$F=\overline{A}+B$	$F=A$ PLUS $A\cdot B$	$F=A$ PLUS $A\cdot B$ PLUS 1
1	0	0	1	$F=\overline{A\oplus B}$	$F=A$ **PLUS** B	$F=A$ **PLUS** B **PLUS** 1
1	0	1	0	$F=B$	$F=(A+\overline{B})$ PLUS AB	$F=(A+\overline{B})$ PLUS $A\cdot B$ PLUS 1
1	0	1	1	$F=A\cdot B$	$F=A\cdot B$ MINUS 1	$F=A\cdot B$
1	1	0	0	$F=1$	$F=A$ PLUS A	$F=A$ PLUS A PLUS 1
1	1	0	1	$F=A+\overline{B}$	$F=(A+B)$ PLUS A	$F=(A+B)$ PLUS A PLUS 1
1	1	1	0	$F=A+B$	$F=(A+\overline{B})$ PLUS A	$F=(A+\overline{B})$ PLUS A PLUS 1
1	1	1	1	$F=A$	$F=A$ **MINUS** 1	$F=A$

重要なものは太字とした。

（b）　動　　作

図 1.9　74181 型 ALU（4 ビット）

算のほかに，AND，OR，NOT などの論理演算や ±1 の計算などを行う。

図 1.9 に最も典型的な ALU である 74181 型 ALU を示す。ここでは 4 ビットの ALU を示しているが，これを複数用いて複数桁上げを上位に伝えることで，任意の語長の ALU を作ることができる。

図 1.10 に 74181 型 ALU（4 ビット）の内部構成図を示す。

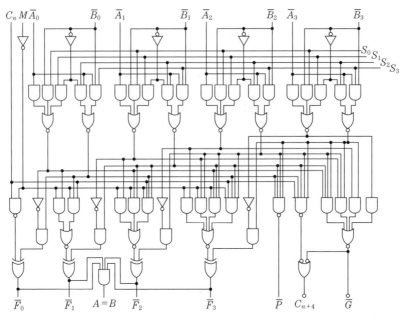

図 1.10　74181 型 ALU（4 ビット）の内部構成

1.3　順序回路＝記憶を含む論理回路

ALU は与えられた入力データに対して求める答えを出力する回路だが，これだけで計算を進めることはできない。コンピュータにおける計算の実行は，一度結果をたくわえ，これを入力として新しい計算を行うということの繰返しである。本節では，数値をたくわえるのに必要な記憶回路について学び，さらにこれを組合せ回路と組み合わせることで，計算のサイクルが実現されることを示す。

記憶を含む論理回路を**順序回路**（sequential circuit）という。コンピュータは，それ自体が大規模な順序回路である。

1.3.1 フリップフロップ

　組合せ論理回路の基本となるのは AND, OR, NOT といった素子であった。データをたくわえる**記憶装置**（memory, メモリ）の基本となるのが**フリップフロップ**（flip flop）である。ここでは典型的なフリップフロップである D フリップフロップと JK フリップフロップの表記法と動作を記しておく（**図 1.11**, **図 1.12** 参照）。ここでは両方とも**エッジトリガ**

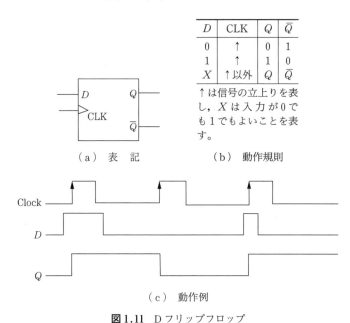

D	CLK	Q	$\bar{Q}$
0	↑	0	1
1	↑	1	0
X	↑以外	Q	$\bar{Q}$

↑は信号の立上りを表し, X は入力が 0 でも 1 でもよいことを表す。

（a）表　記　　　　（b）動作規則

（c）動作例

図 1.11 D フリップフロップ

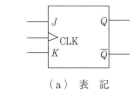

J	K	CLK	Q	$\bar{Q}$
0	0	↑	Q	$\bar{Q}$
0	1	↑	0	1
1	0	↑	1	0
1	1	↑	$\bar{Q}$	Q
0	0	↑以外	Q	$\bar{Q}$

（a）表　記　　　　（b）動作規則

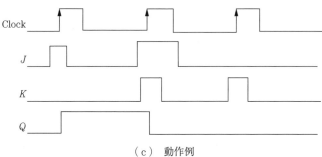

（c）動作例

図 1.12 JK フリップフロップ

(edge trigger) 型としている。

　フリップフロップは，入力に応じて記憶している値を変更する回路である。図に示したフリップフロップは，**クロック**（clock）と呼ばれる周期性をもった制御信号の入力時（クロックが0から1に立ち上がったとき）だけに動作するようになっており，他のときはそれまでの値を保持する。すなわち，1ビットの記憶装置として動作する。

　エッジトリガ型Dフリップフロップは，クロックの立上げのときの入力の値を取り込み，これを出力する。JKフリップフロップは二つの入力があって，動作はやや複雑である。クロックの立上げ時に，①$J=0$，$K=0$なら直前の値を保持する，②$J=0$，$K=1$なら$Q=0$，$\overline{Q}=1$にする，③$J=1$，$K=0$なら$Q=1$，$\overline{Q}=0$にする，④$J=1$，$K=1$なら値を反転させる。

1.3.2　レ ジ ス タ

　レジスタ（置数器，register）とは，フリップフロップを並列に並べた記憶装置である。nビット並列のとき，nビットレジスタという。典型的なレジスタは，エッジトリガ型Dフリップフロップで構成される。

　図1.13に4ビットレジスタを示す。

　レジスタは，図（a）のように入力を素通しするものもあるが，現実には，外部の制御信号によって書込みの許可を行ったり，初期化のときなどにクロックと関係なく（非同期で）クリアしたりする。また，出力側にバスがある場合などは，出力を高インピーダンス状態に

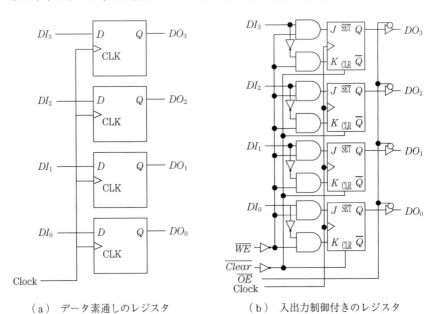

（a）　データ素通しのレジスタ　　　　　（b）　入出力制御付きのレジスタ

図1.13　4ビットレジスタ

する付加回路が必要となる。図（b）はこれらを加えた回路である。図（b）で，$\overline{Clear}$ が0のとき，レジスタがクリアされる。$\overline{WE}$（write enable）が0のときにレジスタに書込みが行われ，1のときにはレジスタの値が保持される。また，$\overline{OE}$（output enable）が0のときにデータが外部に出力され，1のときには出力は高インピーダンス状態になる。

1.3.3　レジスタと ALU の結合

コンピュータの計算の基本は，レジスタにたくわえられたデータを取り出し，これを入力として ALU で演算を行い，結果を再びレジスタに格納する，というサイクルである。このサイクルを繰り返すことで計算が行われる。

図1.14 に最も簡単なコンピュータの演算サイクルを示す。これはレジスタと ALU を選択回路を介して結合したものである。ALU は 1.2.5 項で示した 74181 型のもの，レジスタは図 1.13（b）で示したものと考えてよい。

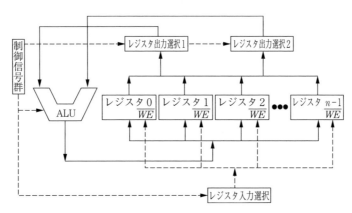

図1.14　コンピュータの演算サイクル

図 1.14 では，n 個のレジスタがデータの保存のために使われている。いま行う演算が何であり，どのレジスタのデータが演算対象として使われ，どのレジスタに結果が格納されるかは，図の「制御信号群」によって決められる。制御信号をどのように作るかについては，5 章で詳しく述べることにする。

─────《本章のまとめ》─────

❶ **2進法によるディジタルな表現**　　n 本の線で n 桁の 2 進数を表現する。

❷ **2の補数表示**　　$2^n - x$ で $-x$ を表現する。

❸ **実数の表現**　　固定小数点と浮動小数点

❹ **組合せ論理回路による演算回路**　　加算器，減算器，ALU

❺ **フリップフロップ**　　1 ビットの記憶回路。D，JK など

❻ **レジスタ**　　フリップフロップを並列に n ビット並べたもの

❼ **順序回路**　　記憶を含む論理回路

❽ **計算のサイクル**　　レジスタ⇒ALU⇒レジスタ　の繰返し

◆◆◆◆ 演　習　問　題 ◆◆◆◆

問 1.1　4 ビットの数が素数だったときだけ 1 を返す組合せ論理回路を書け。

問 1.2　すべての論理関数が，2 入力 NAND で構成できることを証明せよ。

問 1.3　図 1.7 の加算器では，最上位の桁上げ信号の生成に時間がかかる欠点がある。これを解決する 4 ビット加算器（キャリルックアヘッド加算器）の回路を書け。

問 1.4　図 1.13（b）の回路を D フリップフロップを用いて書け。

2 ディジタル回路の入力

この章では，ディジタル回路の入力の基本について学ぶ。最初に，コンピュータの支援によるディジタル回路の設計法の概要を理解し，つぎに，具体的な設計ツールについて知る。続いて，組合せ論理回路として半加算器の設計とシミュレーション，順序回路として2ビット同期式カウンタの設計とシミュレーションを行う。

2.1 ディジタル回路の設計とは

ディジタル回路の設計とは，目的とする順序回路（場合によって組合せ回路）の構成を示し，これを検証することである。現在，これはコンピュータ上の設計ファイルの形で作成される。設計は，**MIL**（military）**記法**に基づく回路図か**ハードウェア記述言語**（hardware description language，略して HDL）によるテキストによって表現される。

2.1.1 CAD
現在，橋梁やビルなどの建造物，自動車，電化製品などあらゆるものの設計にコンピュータが使われる。コンピュータ支援による設計のことを **CAD**（computer aided design）という。もちろんコンピュータそのものも，その一部であるディジタル回路も，CAD の対象となる。

2.1.2 設 計 の 流 れ
図 2.1 に CAD の流れを示す。

〔1〕 **デザイン入力**（design entry）　MIL 記法に基づく回路図かハードウェア記述言語によるテキストによって，目的とする回路を入力する。

〔2〕 **論理合成**（synthesis）　デザインされた回路を，基本論理素子（NAND，D フリップフロップなど）の**ネットリスト**（netlist）の形に変換する。

〔3〕 **機能シミュレーション**（functional simulation）　合成された回路の動作を，シミュレーションによって検証する。場合によっては，シミュレーションの前に形式的検証を行う。この段階では，論理的な動作だけを検証し，タイミングは考慮の対象としない。

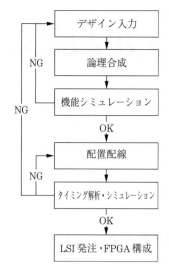

図 2.1　CAD の流れ

〔**4**〕　**配置配線**（layout）　　論理動作の検証された回路（ネットリスト）を，LSI 上の回路に変換し，構成要素であるすべての素子の配置とその間の配線を決める。

〔**5**〕　**タイミング解析・シミュレーション**（timing analysis and simulation）　　素子の動作遅延，信号線の伝搬遅延を考慮したタイミングの解析とシミュレーションを行い，目的とする動作速度で正確な動作をするかどうか検証する。

〔**6**〕　**LSI 発注・FPGA 構成**（ordering LSI/FPGA configuration）　　完成した設計データを LSI ベンダに渡すことで，LSI を発注する。あるいは，対象が **FPGA**（field programmable gate array）などのプログラマブル LSI であれば，これを構成する。

2.1.3　CAD ツールの導入

図 2.1 の流れを実現する CAD ツールを入手することが，コンピュータの設計の最初のステップとなる。少し前までは，CAD ツールはたいへん高価なものであったが，近年は，基本ツールは低価格化ないし無料化している。

本書では，CAD ツールとして Intel 社の Quartus を用いる。Quartus は，本書で扱う CAD の機能をすべて含みもっている上，同社製の FPGA 上で実際に論理回路を実装することができる。料金も Web 版は無料となっている。なお，Quartus のインストールについては，付録 A. を参照せよ[†]。

Quartus 以外にも，Xilinx 社の Vivado など，類似のツールがあるが，基本的な設計の流れは同じである。

[†]　ここで，Quartus 付属のチュートリアルを読むことを強く勧める。

　図 2.2 に Quartus での作業中の画面を示す。作業画面では，複数の**ウィンドウ**（window）
が表示される。一つ一つのウィンドウは，デザイン入力（回路のテキスト表現など），論理
合成の結果（エラーメッセージなど），シミュレーションの入力と結果（信号の波形など），
配置配線結果（レイアウト図など）などを表現する。

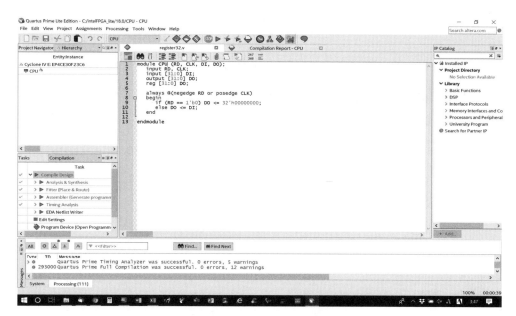

図 2.2　Quartus の作業画面

2.2　組合せ論理回路の設計

　デザイン入力は，アーキテクチャ設計の主要な部分である。デザイン入力には，MIL 記法
による**図式入力**（schematic entry）と，ハードウェア記述言語による入力の 2 種類がある。
ここでは，例として 1 ビット加算器の入力とそのシミュレーションについて述べる。

2.2.1　図式入力による半加算器の設計

　図 2.3 に，Quartus 上で図式入力した 1 ビット半加算器の回路図を示す。これは，図 1.6
（a）と同じものである。

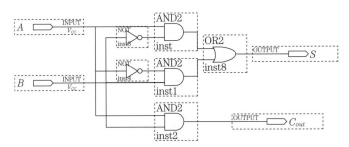

図2.3 1ビット半加算器の図式入力

この回路の動作は，**図2.4**の式および**表2.1**で表される。

この回路を論理合成し，シミュレーションした結果を**図2.5**に示す。

表2.1 半加算器の真理値表

A	B	S	C_{out}
0	0	0	0
1	0	1	0
0	1	1	0
1	1	0	1

$$S = (A \cdot \bar{B}) + (\bar{A} \cdot B)$$
$$C_{out} = A \cdot B$$

図2.4 半加算器の論理式

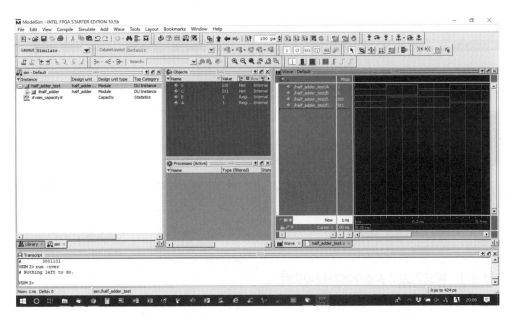

図2.5 半加算器のシミュレーション結果

入力の与え方，シミュレータの動かし方などは3〜4章で述べるが，この回路が表2.1で示される半加算器の動作を行っていることが確認できる。

2.2.2　**HDL 入力による半加算器の設計（1）**

Verilog HDL は，VHDL とともに代表的なハードウェア記述言語の一つである。**図2.6** に
Verilog HDL で記述した半加算器の回路を示す。

```
module half_adder_ver1 (A, B, S, Cout);
input A, B;
output S, Cout;

assign S = (A & ~B) | (~A & B);
assign Cout = A & B;

endmodule
```

図2.6　Verilog HDL で記述した半加算器（1）

図で，Verilog HDL では，module ～ endmodule で，一つの回路を表現する。module の後
にはモジュール名（half_adder_ver1）と，（　）に入れた入出力のリストが来る。

2 行目の input は入力信号の宣言，3 行目の output は出力信号の宣言である。ここでは，
入力が A と B，出力が S と C_{out} であることを示している。

4 行目と 5 行目が回路の記述である。これらは，図2.3 の回路をそのまま記述したもので
あり，& は AND を，～ は NOT を，| は OR を表す。（　）は，操作の順番を所期のものと
するために入れられている。

Verilog HDL は，C などのプログラム言語に似ている。**図2.7** に半加算を行う C の関数を
示したが，このプログラムは，出力用の変数にポインタを使っている[†]ほかは，図2.6 とほ
とんど同じである。

```
half_adder_by_C (int A, int B, int *S, int *Cout){
int S, Cout;

*S = (A & ~B) | (~A & B);
*Cout = A & B;
}
```

図2.7　半加算を行う C の関数

このように，HDL による回路記述は C 言語によるプログラミングとそっくりである。
Verilog HDL の文法については，3 章で学ぶ。

図2.6 の Verilog HDL の回路を論理合成し，シミュレーションを行うと，図2.5 と同じ結
果となる。

[†]　C 言語では，関数の戻り値を複数とることができないので，複数の出力がある場合にはポインタを使
うことになる。なお，ここですべての変数は，最下位ビットのみを用いることにしている。

2.2.3　HDL 入力による半加算器の設計（2）

前項の図 2.6 の回路は，図 2.3 をそのままテキストで表現したものであった。それに対して，同じ Verilog HDL であっても，回路の機能を記述する方法もある。**図 2.8** にこれを示す。

```
module half_adder3 (A, B, OUT);
input A, B;
output [1:0] OUT;

assign OUT = A + B;

endmodule
```

図 2.8　Verilog HDL で記述した
半加算器（2）

図 2.8 では，3 行目に，"output [1:0] OUT;" という宣言がある。[1:0] は，信号のビット幅を示すものであり，OUT が 2 ビットの信号であることを示す。

今回の設計では，OUT [0] が S（和）を，OUT [1] が C_{out}（桁上がり）を表している。

図 2.8 で注意しなければならないのは，4 行目の "assign OUT＝A＋B;"，特に "＋" である。これは，「加算を実行する回路を作れ」という意味である。図 2.6 では，S および C_{out} は，AND，OR，NOT の論理素子の組合せで表現されていた。図 2.8 では，論理回路がどのようなものになるのかは示されていない。回路は，図 2.3 と等価なものが論理合成によって生成される。

2.3　順序回路の設計

組合せ回路に続いて順序回路のデザイン入力についても，図式入力と，HDL 入力の 2 種類を試みる。例として，3 ビット同期式カウンタの入力とそのシミュレーションについて述べる。

2.3.1　図式入力による 3 ビット同期式カウンタの設計

図 2.9 に，Quartus 上で図式入力した 3 ビット同期式カウンタの回路図を記す。このカウンタは，クロック（CLK）の立上げのたびに $0 \to 1 \to 2 \to 3 \to 4 \to 5 \to 6 \to 7$ と値を 1 ずつ増やし，7 のつぎは 0 となって以後これを繰り返す。また，リセット信号が来る（RESD＝0）と，クロックとは関係なく値は 0 となる。

この回路を論理合成し，シミュレーションした結果を**図 2.10** に示す。

入力の与え方，シミュレータの動かし方などは 3 ～ 4 章で述べるが，この回路が図 2.9 で

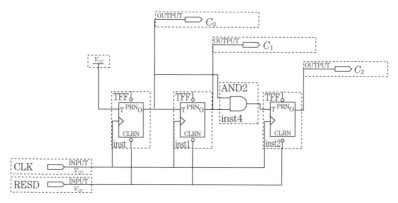

図 2.9　3 ビット同期式カウンタの図式入力

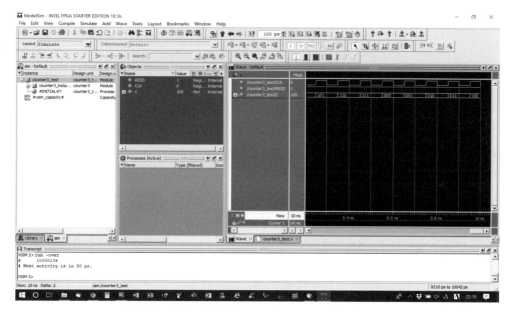

図 2.10　3 ビット同期式カウンタのシミュレーション結果

示される 3 ビット同期式カウンタの動作を行っていることが図から確認できる。

2.3.2　HDL 入力による 3 ビット同期式カウンタの設計（1）

図 2.11 に，Verilog HDL を用いて記述した 3 ビット同期式カウンタの回路を示す。

この回路記述は，二つのモジュールから成る。

〔1〕　**t_ff**　T フリップフロップを定義するモジュールである。リセット信号（RESD）
がアクティブになったら，値を 0 とし，そうでなければ，クロックの立上りで保持している
値を反転させる。

〔2〕　**counter2**　〔1〕で定義した T フリップフロップを 3 個と AND 回路を 1 個組み

```
module t_ff (CK, RD, T, Q);
    input CK, RD, T;
    output Q;
    reg Q;

    always @(posedge CK or negedge RESD)
    begin
        if (RD == 1'b0) Q <= 1'b0;
        else if (T == 1'b1) Q <= ~Q;
    end

    endmodule

module counter2 (CLK, RESD, C);
input CLK, RESD;
output [2:0] C;

t_ff t0 (CLK, RESD, 1'b1, C[0]);
t_ff t1 (CLK, RESD, C[0], C[1]);
t_ff t2 (CLK, RESD, C[1] & C[0], C[2]);

endmodule
```

図 2.11 Verilog HDL による 3 ビット
同期式カウンタ（1）

合わせてカウンタを作る。引き数の中に AND 回路（C[1] & C[0]）を組み込んでいること
に注意する。

　Verilog HDL の文法については，3 章で述べるが，ここではつぎの 3 点の重要な性質に注
意を払っていただきたい。

① 　Verilog HDL では，複数のモジュールを定義し，それぞれのモジュールが他のモジュー
　　ルを呼び出してその一部として使うことができる。ここでは，counter2 が 3 回 t_ff を
　　呼び出している。

② 　定数は，1'b0 などと表記される。この場合は，1 ビットの 2 進数で値が 0 であること
　　を表している。同様に，3'b101 は 3 ビットの 2 進数で値が 5 であることを，8'xab は 8
　　ビット（8 桁ではない）の 16 進数で値が 171（2 進数の 10101011）であることを示す。

③ 　順序回路は，always 文で記述する。always 文は，つぎに @（ ）をとるが，この
　　（ ）の中に，以下の動作が起こるための条件が書かれる。

最後の always 文の中身について，図 2.11 の t_ff の例を少し詳しく見てみよう。

@ 以下の括弧の中は

　　　posedge CK or negedge RESD

と記されている。これはクロックの立上り（positive edge，略して posedge）か，リセット
信号の立下り（negative edge，略して negedge）で動作が起こることを表す。リセット信号

は，ここでは0のときにアクティブになるとしている。

　つぎに，begin～endの構文が来る。これは，複数の文（代入など）をひとくくりにする
ときに使われる構文であり，C言語の{～}に相当する。

　begin～endの中身は，if～; else if～; の条件文となる。ifの構文は，Cのifとほぼ同じ
意味となるが，Verilog HDLでは，記述可能な場所に制約がある。ここではalways文の中で
使われている。ここでの意味は，「リセット信号が0であれば値を0にせよ。そうでなけれ
ばクロックの立上りで値を反転せよ（Q＝～Q）」である。

　この回路のシミュレーションを行うと，先の図2.10と同じ結果を得る。

2.3.3　HDL入力による3ビット同期式カウンタの設計（2）

図2.12に，Verilog HDLで記述したもう一つの3ビット同期式カウンタの回路を示す。

```
module counter3 (CLK, RESD, C);
input CLK, RESD;
output [2:0] C;
reg [2:0] C;

always @(posedge CLK or negedge RESD)
    begin
        if (RESD == 1'b0) C <= 3'b000;
        else C <= C + 3'b001;
    end

endmodule
```

図2.12　Verilog HDLによる3ビット
同期式カウンタ（2）

　この設計では，always文の中に

　　　C＜＝C＋3'b001；

があり，これがカウンタの値を1増やしている。すなわち，回路そのものではなく，動作を
もって設計としている。この点が，前節のTフリップフロップの記述による設計と異なっ
ている。

　図2.12の記述をQuartusで論理合成すると，**図2.13**の回路になる。これは，3ビットの
レジスタに加算器を接続したものとなり，図2.9，図2.11とは異なる。しかし，回路とし
ての論理的な動作はどれも同じである。

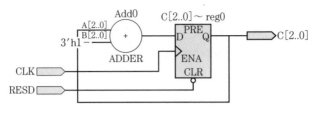

図 2.13　図 2.12 を論理合成した結果

2.4　図式入力と HDL 入力

　2.2 節および 2.3 節で簡単な組合せ回路と順序回路の図式入力と HDL 入力とシミュレーションの例を示した。図式入力はハードウェア回路に近い入力で，物理イメージがわきやすいが，記述の量が大きく，記述が複雑になりがちであり，大規模になると機能・動作を理解することが難しくなる。一方の HDL 入力は，プログラムに近いので，動作・機能がわかりやすいが，記述のやりかたによってはハードウェアのイメージがわきにくい場合がある。

―――《本章のまとめ》―――

❶　**ディジタル回路の設計**　　デザイン入力，論理合成，機能シミュレーション，配置配線，タイミング解析・シミュレーション，LSI 発注 /FPGA 構成　の手順
❷　**CAD**　　computer aided design。コンピュータ支援による設計
❸　**Quartus**　　本書で用いる Intel 社の CAD ツール
❹　**図式入力**　　MIL 記法によるディジタル回路の入力。ハードウェアに近いが，大規模になると設計に時間がかかり，動作・機能が理解しにくい。
❺　**HDL 入力**　　ハードウェア記述言語（hardware description language）によるディジタル回路の入力。動作・機能がわかりやすいが，ハードウェアのイメージがわきにくい場合がある。
❻　**Verilog HDL**　　VHDL とともに，代表的な HDL

◆◆◆◆ 演 習 問 題 ◆◆◆◆

問 2.1　付録 A. を参考にして，Quartus をインストールせよ。
問 2.2　Quartus のチュートリアル（Help → PDF Tutorials → PDF Tutorial for Verilog Users の両方）を読んで理解せよ。

3 ハードウェア記述言語 Verilog HDL

マイクロプロセッサの論理設計を行う準備として，本章では
ハードウェア記述言語 Verilog HDL について学ぶ。ここでは厳密
で網羅的な文法解説を目指すのではなく，マイクロプロセッサの
設計に必要な知識を得ることに主眼を置く。最後に，Quartus 上
での，Verilog HDL による回路入力，論理合成，シミュレーション
の手順を示す。

3.1 モジュール構成と宣言

Verilog HDL での記述は，一つないし複数のモジュールから成る。モジュールは，まと
まった一つの機能を実現する回路を記述したものである。本節では，モジュールの構成と各
種の宣言について学ぶ。

3.1.1 モジュール構成

モジュールは，まとまった一つの機能を実現する回路を記述したものである。モジュール
の規模は，回路としてのまとまりの良さ，入出力線の数，記述量などを考慮して，設計者が
決める。

モジュールの構成を，**図 3.1** に示す。

```
module  モジュール識別子 （ポートリスト）;
    宣言部
    回路記述部
endmodule
```

図 3.1 モジュールの構成

モジュールは，module ～ endmodule の枠組みの中に，宣言部と回路記述部をもつ。

モジュールには名前を付けなければならない。モジュールの名前を，**モジュール識別子**
（module identifier）という。

モジュール識別子の後に括弧書きで，ポートリストが来る。ここには，入出力の名前
（ポート識別子，port identifier）が並ぶ。

モジュールの中身は，宣言部と回路記述部から成る。宣言部では，モジュールで使用する信号名（プログラム言語の変数にあたる）や定数を定義する。回路記述部は，実際にこのモジュールがどのような回路を定義しているのかを示す。

3.1.2 宣　言　部

図 3.2 に宣言部の構成要素を示す。宣言部はポート宣言，ネット宣言，レジスタ宣言，パラメータ宣言などから成る。

```
ポート宣言
ネット宣言
レジスタ宣言
パラメータ宣言
```

図 3.2　宣言部の構成要素

ポート宣言は，ポートリストの中で記された**入力ポート**（input），**出力ポート**（output），**入出力ポート（双方向ポート）**（inout）を定義する。**図 3.3** に各ポート宣言の例を示す。

```
input CLK, RD, DATA_IN;     //1 ビット入力
input [31:0] DBUS_IN;       //32 ビット入力バス
output DATA_OUT;            //1 ビット出力
output [31:0] DBUS_OUT;     //32 ビット出力バス
inout CTL;                  //1 ビット入出力
inout [31:0] DBUS_INOUT;    //32 ビット入出力バス
```

図 3.3　ポート宣言の例

各信号の意味は，行末に付けられたコメント（// に続く説明，3.5.7 項参照）のとおりである。信号は，1 ビットの線であることも，複数ビットをまとめた信号線の束であることもある。後者の場合は，信号名の前に，[31:0] などと信号線の本数を指定する。

宣言の末尾には，セミコロン（ ; ）が付くことに注意してほしい。セミコロンは，すべての文の後に付く。

ネット宣言は，モジュールの中で，配線部分の信号を定義する。ネット宣言の例を**図 3.4** に示す。ネット宣言は，予約語 wire などとそれに続く信号線の本数の情報，識別子から成る。

```
wire SIGNAL1;       //1 ビット内部信号
wire [31:0] DBUS;   //32 ビットバス
```

図 3.4　ネット宣言の例

レジスタ宣言は，モジュールの中で，フリップフロップの出力など値を保持する信号を定義する。レジスタ宣言の例を**図 3.5** に示す。レジスタ宣言は，予約語 reg とそれに続く信号線の本数の情報，識別子から成る。

```
reg Q;              //1 ビットフリップフロップの出力
reg [31:0] R;       //32 ビットレジスタの出力
```

図 3.5　レジスタ宣言の例

　パラメータ宣言は，定数の定義に使われる。**図 3.6** にパラメータ宣言の例を示す。パラメータ宣言は，予約語 parameter とそれに続く識別子，＝，値から成る。

```
parameter ONE = 8'b00000001;   //8 ビットの定数
parameter TEN = 10;            //10 進数の定数
```

図 3.6　パラメータ宣言の例

3.1.3　2 次元配列の宣言

　Verilog HDL では，レジスタ型で 2 次元までの配列を扱うことができる。2 次元配列は，レジスタファイルやメモリの記述に有用である。

　図 3.7 に 2 次元配列の宣言の例を示す。末尾にワード数が来ることに注意せよ。

```
reg [31:0] REG_FILE [0:63];        //32 ビット× 64 語のレジスタファイル
reg [31:0] DATA_MEMORY [0:1023];   //32 ビット× 1K 語のデータメモリ
```

図 3.7　2 次元配列の宣言の例

　2 次元配列で，各語の参照は，REG_FILE [12]，DATA_MEMORY [9'x1fe] などとして行う。各語の中の数ビットを抽出したいときは，**図 3.8** のように，一度ネット信号に代入する必要がある[†]。

```
reg [31:0] REG_FILE [0:63];        //32 ビット× 64 語のレジスタファイル
wire [31:0] REG_WORD;              //32 ビットのネット信号（1 語取出し用）
wire [7:0] PART_BYTE;              //8 ビットのネット信号（部分切出し用）

assign REG_WORD = REG_FILE[12];    //12 番地の 1 語を取り出す
assign PART_BYTE = REG_WORD[7:0];  // 取り出した語から最下位の 8 ビットを切り出す
```

図 3.8　2 次元配列からの数ビットの抽出

3.1.4　名前・文字・予約語

　信号名や定数名などで使える文字は，英文字と数字と＿（アンダースコア）である。これらのうち，数字は名前の先頭には使えない。また，英文字は大文字と小文字が区別される（大文字・小文字の違う名前は違うものを意味する）。

　図 3.9 で示す名前は**予約語**（reserved word）として登録済みなので，本来の意味以外で

[†]　REG_FILE [12] [3:0] などとすることはできない点に注意せよ。

```
always and assignbegin buf bufif0 bufif1 case casex casez cmos deassign default disable edge else end
  endcase endfunction endmodule endprimitive endspecify endtable endtask event for force forever
  fork function highz0 highz1 if innone initial inout input integer join large macromodule medium
  module nand negedge nmos nor not notif0 notif1 or output parameter pmos posedge primitive pull0
  pull1 pullup pulldown rcmos real realtime reg release repeat rnmos rpmos rtran rtranif0 rtranif1
  scalared small specify specparam strong0 strong1 supply0 supply1 table task time tran tranif0
  tranif1 tri tri0 tri1 triand trior trireg vectored wait wand weak0 weak1 while wire wor xor xnor
```

図 3.9 Verilog HDL の予約語

使うことはできない。

3.2 値 と 型

プログラム言語と違って，Verilog HDL で扱う値は，物理的実体を伴うために単純でわかりやすい。ここでは，値と型について説明する。

3.2.1 値

信号線（端子）の電圧によって，**表 3.1** のように値が定義される。これを**論理値**（logic value）という。ハードウェアのレベルでは，論理値以外のものは存在しない。

表 3.1 論 理 値

論理値	電 圧
0	低電圧（0 V など）
1	高電圧（1.1 V など）
x	不定値
z	ハイインピーダンス

3.2.2 型

型はネット型とレジスタ型の 2 種類に大別され，ネット型はさらに wire, tri, wor, wand などに分類される（**表 3.2** 参照）。

どの信号も宣言によってそれぞれの型を指定する必要がある。ただし，ポート宣言した信号がネット型であった場合と，1 ビットの信号がネット型であった場合には，これらの信号のネット宣言を省略することができる。これらがレジスタ型であった場合には，必ずネット宣言をする必要がある。

どちらの型の信号も，参照に関する制約はない。代入に関しては表 3.2 の「代入可能な場所」に示す制約がある。

表 3.2　型

型分類	型（予約語）	意　味	代入可能な場所
ネット型	wire tri wor wand	0, 1 を出力できる信号で値を保持しないもの 0, 1, Z を出力できる信号で値を保持しないもの ワイヤード OR（値を保持しない） ワイヤード AND（値を保持しない）	assign 文の中
レジスタ型	reg	値を保持する信号	always 文の中 initial 文の中 function の中 task の中

3.2.3　定　　　　数

定数は**図 3.10** のように表記される。

ビット幅 ’基数　値

図 3.10　定数の表記

各項目の意味は，**表 3.3** で与えられる。ここで，16 進数を表すときに，“x” や “X” ではなく，“h” または “H” を使う点に注意されたい。

表 3.3　定　　　　数

項目	表記：意味	省略時
ビット幅	10 進数：2 進数で表したときの桁数	32 ビット
’基数	'b, 'B：2 進数 'o, 'O：8 進数 'd, 'D：10 進数 'h, 'H：16 進数	10 進数
値	基数によって定められた表記：値	

なお，2 進数，8 進数，16 進数の場合，各桁に x（不定）や z（ハイインピーダンス）を用いたり，桁の間に _（アンダースコア：意味のない区切り記号）を入れることができる。10 進数ではこれらはできない。

定数の例を**表 3.4** に示す。ビット幅は基数によらず，2 進数で表現したときの桁数（＝信号の線数）になっていることに注意されたい。

表 3.4　定 数 の 例

2 進数	1'b0	1'b1	1'bx	1'bz		4'b1010		8'bxxx1_1111
8 進数	3'o5	5'o37	7'ozz3	'o35_165_072 424				
10 進数	0	4'd12	2047	32'd123456789				
16 進数	3'h5	7'h2e	12'hzzz	'hffff		32'h00_00_00_xx_00		

3.3　素子とライブラリ

本節では，Verilog HDL で用意されている素子について学ぶ。

3.3.1　基 本 素 子

Verilog HDL には，あらかじめ**基本素子**（primitive gate）が用意されている。基本素子は，定義や宣言なしで用いることができる。

通常用意されている基本素子を**図 3.11** に示す。基本素子の意味は，普通の論理関数と同じだが，引き数として回路の入力と出力の両方をとる点が異なる。

```
and  or  not  nand  nor  xor  xnor  buf
```

図 3.11　基 本 素 子

基本素子を用いた例を**図 3.12** に示す。図は多数決回路であり，三つの入力のうちで 1 が二つ以上あれば 1 を，そうでなければ 0 を出力する。これを MIL 記法で書くと**図 3.13** のようになる。

図 3.12 では，2 入力の and ゲートと 3 入力の or ゲートが用いられている。

```
module majority1 (A, B, C, MAJO);
input A, B, C;
output MAJO;
wire AB, BC, CA;

and (AB, A, B);
and (BC, B, C);
and (CA, C, A);
or (MAJO, AB, BC, CA);

endmodule
```

図 3.12　基本素子を用いた多数決回路（1）

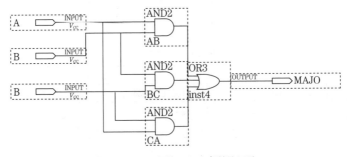

図 3.13　MIL 記法による多数決回路

基本素子のうちで, and, or, nand, nor, xor, xnor の一般的な形はつぎのようになり, 最初の引き数が出力を表し, 2番目以後の引き数が入力を表す。入力の数には制限がない。

  and（出力, 入力 1, 入力 2, …, 入力 N）

基本素子のうちで, not, buf の一般的な形はつぎのようになり, 最後の引き数が入力を表し, それ以外が出力を表す。出力の数には制限がない。

  not（出力 1, 出力 2, …, 出力 N, 入力）

図 3.12 では, 四つの素子にはそれぞれの名前（instance name）が付いていなかった。これでも信号の接続関係で回路を作ることができる。名前を付けたければ, つぎのようにすればよい。

  and NAME（OUTPUT, INPUT1, INPUT2, INPUT3, …, INPUTN）

ここで NAME がこの素子の個別の名前となる。

図 3.12 の多数決回路で, 個々の素子に名前を付けたものを**図 3.14** に示す。ここでは, andAB, andBC, andCA, orMAJO がそれぞれの素子の名前となっている。

```
module majority1 (A, B, C, MAJO);
input A, B, C;
output MAJO;
wire AB, BC, CA;

and andAB (AB, A, B);
and andBC (BC, B, C);
and andCA (CA, C, A);
or orMAJO (MAJO, AB, BC, CA);

endmodule
```

図 3.14　基本素子を用いた多数決回路（2）

3.3.2　3 状 態 素 子

Verilog HDL には, **表 3.5** の **3 状態素子**（tri-state gate）が用意されている。3 状態素子の使い方は基本素子と同じだが, 引き数の数は 3 で固定されている。

表3.5 3状態素子

素子	表記	動作
bufif0	bufif0 (OUT, IN, CTRL);	CTRL が 0 のとき OUT = IN CTRL が 1 のとき OUT = z (ハイインピーダンス)
bufif1	bufif1 (OUT, IN, CTRL);	CTRL が 0 のとき OUT = z (ハイインピーダンス) CTRL が 1 のとき OUT = IN
notif0	notif0 (OUT, IN, CTRL);	CTRL が 0 のとき OUT = $\overline{\text{IN}}$ CTRL が 1 のとき OUT = z (ハイインピーダンス)
notif1	notif1 (OUT, IN, CTRL);	CTRL が 0 のとき OUT = z (ハイインピーダンス) CTRL が 1 のとき OUT = $\overline{\text{IN}}$

3.3.3 回路ライブラリ

基本素子や3状態素子以外にも，CAD システムによってさまざまな回路ライブラリが用意されている。代表的なものは，フリップフロップ，マルチプレクサ，デコーダなどであるが，最近では 32 ビット ALU，乗算器，メモリ，CPU コアなど大きなものが用意されている場合も多い。ライブラリを有効に使えば，効率的な設計ができるし，配置配線にも有利（一般に面積・遅延が小さくなる）である。

一方で本書のようにコンピュータアーキテクチャの教育を目的とする場合，巨大なライブラリを使ってしまうと，読者がアーキテクチャの理解をしないままでCPU を作ってしまうことになりかねない。本書では，ライブラリの利用は，「アーキテクチャとは何かを理解し，CPU を自分で作る」ことを逸脱しない範囲にとどめることにする。

3.4 演 算

Verilog HDL では，基本論理素子やライブラリを組み合わせるだけでなく，演算式で回路を記述することができる。すなわち，演算式によって動作を指定すると，HDL のコンパイラがこれを実現する回路を生成（論理合成）することができる。本節では，Verilog HDL で用いられる演算について学ぶ。

3.4.1 演 算 子

表3.6 に Verilog HDL で用いることのできる演算子と動作についてまとめた。

これらのうち，算術演算子，ビット演算子，論理演算子，シフト演算子，等号演算子，関係演算子の用法は，C などの高級言語とほぼ同じである。**図3.15** に演算子の用例を示す。

表3.6 演 算 子

算術演算子	+	加算	等号演算子	==	等しい
	-	減算		!=	等しくない
	*	乗算	関係演算子	>	大なり
	/	除算		>=	以上
	%	剰余		<	小なり
ビット演算子	~	NOT		<=	以下
（ビット単位）	&	AND	リダクション	&	リダクション AND
	|	OR	演算子	|	リダクション OR
	^	XOR		~&	リダクション NAND
	~^	XNOR		~|	リダクション NOR
論理演算子	!	論理否定		^	リダクション XOR
	&&	論理積		~^	リダクション XNOR
	||	論理和	条件演算子	?:	条件付き実行
シフト演算子	<<	左シフト	連接演算子	{,}	連接
	>>	右シフト			

```
module operation_example (A, B, S, T, U, V, W, Y, EQ, LE);
input [31:0] A, B;
output [31:0] S, T, U, V, W, Y;
output EQ, LE ;

assign S = A + B;        //加算
assign T = A - B;        //減算
assign U = ~A;           //全ビットそれぞれの NOT（ビット反転）
assign V = A & B;        //全ビットそれぞれの AND
assign W = !A;           //全ビットが 0 のときに 1，それ以外は 0（ゼロ判定）
assign Y = A && B;       //「A のどれかのビットが 1」かつ「B のどれかのビットが 1」
                         //のとき 1，それ以外は 0
assign EQ = (A == B);    //A と B が等しいとき 1，等しくないとき 0
assign LE = (A <= B);    //A が B 以下のとき 1，大きいとき 0

endmodule
```

図3.15 演算子の用例

3.4.2 リダクション演算

リダクション演算は，ビット幅をもつ信号について，そのすべての信号線に作用し，1 ビットの結果を出す。例を**図3.16**に示す。

```
wire [3:0] A;

assign ALL1 = & A;       //assign ALL1 = A[3] & A[2] & A[1] & A[0]; と等価
assign ONE1 = | A;       //assign ONE1 = A[3] | A[2] | A[1] | A[0]; と等価
assign PARITY = ^ A;     //assign PARITY = A[3] ^ A[2] ^ A[1] ^ A[0]; と等価
```

図3.16 リダクション演算の例

3.4.3 条 件 演 算

条件演算の形式を**図 3.17** に示す。

```
条件式？  真の場合の式：偽の場合の式
```

図 3.17 条件演算の形式

条件演算では，条件式が真であればコロン（：）の手前の式を実行し，条件式が偽であればコロンの後の式を実行する。

条件演算を使用した回路の例を**図 3.18** に示す。

```
assign MUX2to1 = (SEL == 1'b1)? IN1 : IN0;  //2 入力マルチプレクサ
assign MUX4to1 = (SEL == 2'h0)? IN0 :       //4 入力マルチプレクサ
                 (SEL == 2'h1)? IN1 :
                   (SEL = 2'h2)? IN2: IN3;
```

図 3.18 条件演算の例（マルチプレクサ）

3.4.4 連 接 演 算

連接演算｛ ｝は，複数の信号のビットを結合する。｛ ｝の左側に数字を書くと，その回数だけ｛ ｝の中身を繰り返すことになる。連接演算は，代入文の左辺で用いることもできる。

図 3.19 に連接演算の例を示す。

```
wire [7:0] A, B, F, SUM;
wire ONE_BIT, CARRY;
wire [15:0] S, T;

assign S = {A, B[3:0], 4'hf}  // 右辺は 8+4+4 で 16bit となる
assign T = A * B;             // 乗算の結果は 16 ビットとなる
assign F = {8{ONE_BIT}} & A;  //ONE_BIT を 8 ビットコピーして A とビットごとに AND
assign {CARRY, SUM} = A + B;  // 加算の結果をキャリ付きで
```

図 3.19 連接演算の例

3.4.5 優 先 順 位

演算子には優先順位が定められている。**図 3.20** にこれを示す。

最上位に示されている演算は，どれも単項演算である。最上位の＆，｜はリダクション演算であり，2 項演算ではない。また，最上位の＋，－は符号であって，加算・減算ではない点を注意せよ。

他はおおむね C などのプログラム言語の優先順位と同じである。

優先度は，（ ）を使って陽に指定することができる。設計時に余計なバグを出さないた

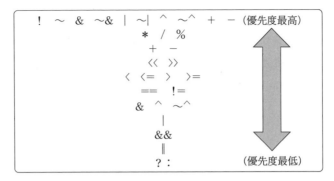

図3.20　演算の優先順位

めにも，（　）を積極的に活用したい。

3.5　回 路 記 述 部

回路記述部は，モジュールの構成・動作を定義する。これは，assign 文，function，always 文および他のモジュールの呼出しなどから成る。本節では，回路記述部の内部構成と各構文について説明する。

3.5.1　assign　文

assign 文（assign statement）は，単純な組合せ回路を記述するときに用いる。その基本形は，**図 3.21** のとおりである。assign 文で，＝の左側にはネット型信号の名前が来る。このネット型信号は，wire 宣言またはポート宣言がなされていなければならない。

```
assign　ネット型信号名　＝　論理式
```

図 3.21　assign 文

本書では，すでに例の回路の中で，何度も assign 文を使った。復習を兼ねて，その中からいくつかを**図 3.22** に再掲する。それぞれがどういう意味であったのか，思い出してほしい。

```
assign S = (A & ~B) | (~A & B);    //図2.6  論理式による半加算器
assign Cout = A & B;               //同上
assign OUT = A + B;                //図2.8  算術式による半加算器
assign REG_WORD = REG_FILE[12];    //図3.8  2次元配列からの1語取出し
assign ALL1 = & A;                 //図3.16  リダクション演算
assign MUX2to1 = (SEL == 1'b1)? IN1 : IN0;
                                   //図3.18  条件式による2入力マルチプレクサ
assign {CARRY, SUM} = A + B;       //図3.19  連接演算による半加算器
```

図 3.22　assign 文の例

3.5.2 function

function は，組合せ回路を記述する関数である。まとまった論理関数を実現するものとして使われる。function の構成を**図 3.23** に示す。

上記で，「文」は，単独の文であればそのまま記述[†1] し，複数の文から成るときには，begin ～ end でくくる。

```
function ビット幅 ファンクション名；
        宣言部
        文
endfunction
```

図 3.23 function の構成

function はモジュールの本体と似た構成をとるが，必ず値を返す点と，順序回路を記述できない点が異なる。

例として，**図 3.24** に 32 ビット加算器を function で記述した。

```
function [31:0] FULL_ADDER;
input [31:0] A, B;
    FULL_ADDER = A + B;
endfunction
```

図 3.24 function による 32 ビット加算器

3.5.3 if 文

if 文は条件分岐を行う文である。if 文の構成を**図 3.25** に示す。

```
if （式） 文 1
else 文 2
```

図 3.25 if 文の構成

式が正しければ文 1 が実行され，正しくなければ文 2 が実行される。else 以下は省略することができる。

if 文は，モジュールの直下で使うことはできず，必ず function，always 文の中で使わなければならない[†2]。

if ～ if ～ else と if が連続するとき，else は，直前の if に対応する。

3.5.4 case 文

if 文が，2 方向の分岐であったのに対し，case 文は，3 方向以上の分岐も実現する。その

---

†1 文は末尾にセミコロン（;）を含む。
†2 これ以外に，inital 文，task の中で用いることができるが，本書ではこれらについては触れない。

```
case（式）
   式，式，…，式：文
   式，式，…，式：文
          ⋮
   default：文
endcase
```

図 3.26　case 文の構成

構成は**図 3.26** のとおりである。

　case 文では，まず直後の（　）内の式を評価し，以下の「式，式，…，式：文」の式の値と一致するところの文を実行する。コロン（：）の後は，begin ～ end で囲うことで，複数の文を書くことができる。

　どれにも一致しないときは，default に続く文が実行される。「default：文」は省略できる。

　図 3.27 に，case 文を用いた 4 入力マルチプレクサの回路を示す。

```
function [31:0] MUX4;
input [31:0] A, B, C, D;
input [1:0] SEL;

case (SEL)
   2'b00:    MUX4 = A;
   2'b01:    MUX4 = B;
   2'b10:    MUX4 = C;
   2'b11:    MUX4 = D;
   default:  MUX4 = 32'hFFFFFFFF;
endcase
endfunction
```

図 3.27　case 文を用いた 4 入力マルチプレクサ

3.5.5　always 文

always 文は，おもに順序回路の記述に使われる[†]。always 文の構成を**図 3.28** に示す。

```
always @(イベント式)　文
```

図 3.28　always 文の構成

　イベント式とは，信号の "変化" を表す式である。ここに特定の信号名を書けば，その信号が変化（立ち上がるか立ち下がるか）したときに "文" が実行される。ここに，"posedge 信号名" と書けば，信号の立上りでの動作を表し，"negedge 信号名" と書けば，信号の立下りでの動作を表す。

[†]　場合によって組合せ回路の記述にも使われる。always 文を使った組合せ回路の記述については，本書では扱わない。

イベント式では，論理和演算が可能である。論理和は，"or"で行う。

図 3.29 に always 文の例を記す。これは，32 ビットレジスタの回路の記述である。

```
module REGISTER31 (CLK, RD, D, Q, QD);
input CLK, RD;
input [31:0] D;
output [31:0] Q, QD;
reg [31:0] Q;

always @(posedge CLK or negedge RD)
   begin
      if (RD == 1'b0) Q <= 32'h00000000;
      else Q <= D;
   end

assign QD =~Q;
endmodule
```

図 3.29　always 文の例（32 ビットレジスタ）

図 3.29 では，イベント式で or を用いている。この行は，「クロックの立上りか，リセットの立下りで以下のことをせよ」という意味である。つぎの

　　　if(RD==1'b0)Q<=32'h00000000;

は，「リセットが立っていれば，レジスタの値を 0 にせよ」ということであり

　　　else Q<=D;

は，「リセットが立っていなければ，クロックの立上りで入力を取り込んで，これを出力せよ」という意味になる。最後の

　　　assign QD=～Q;

は，QD の各ビットに Q の対応するビットを反転したものを入れよ，という意味である。

always 文の中の代入文は，"="ではなく，"<="を使っている。前者を**ブロッキング代入文**（blocking assignment），後者を**ノンブロッキング代入文**（non-blocking assignment）と呼ぶ。

ブロッキング代入文では，begin ～ end 内の代入は，書いてある順番に直列で処理される。それに対してノンブロッキング代入文は，begin ～ end 内の代入は，並列に実行される。本書では，レジスタ変数への代入は必ずノンブロッキング代入文で行うこととする。

3.5.6　モジュール呼出し

プログラム言語で，関数やサブルーチンを呼び出せるように，Verilog HDL でもあるモジュールから他のモジュールを呼び出すことができる。**図 3.30** にその形式を示す。

> モジュール名 インスタンス名（ポートリスト）

図 3.30　モジュール呼出し

インスタンス名は，別途定義したモジュールの実体として呼び出すものである。モジュール名とインスタンス名の関係は，ちょうどオブジェクト指向プログラムにおけるクラスとインスタンスの関係にあたる。

ポートリストは，モジュールの定義と同じ順番でポートを並べたものである。順番を間違えると望ましい接続ができない。

順番を守るのが面倒な場合は，**図 3.31** のように記述すればよい。これでポートの記述の順番は任意となる。

> **.**定義側ポート名（接続信号）

図 3.31　ポート接続の記述

呼び出されるモジュールの入力ポートには，レジスタ型の信号や式を記述することができるが，出力ポートには，ネット型の信号しか書くことができない。

3.5.7　コ メ ン ト

すでに述べたように，// から行末までの文字列はコメントであり，論理合成の際には無視される。同様に，/* から */ までは，（行をまたいでいても）コメントとなる。

3.6　Quartus における設計の流れ

本節では，Quartus において Verilog HDL を用いて回路を設計・論理合成・論理シミュレーション・配置配線・遅延シミュレーションする手順について実例とともに述べる。ここでは，32 ビットレジスタの設計を行う。

3.6.1　プロジェクト起動

Quartus では，ある論理回路全体の設計をプロジェクトと呼ぶ。

以下の手順で，新しいプロジェクトを起動する。なお，ここでは，Quartus Prime Lite Ver. 13.0 のやりかたに従うが，詳細は読者の使っている版のやりかたに従うこと。

①　Quartus を起動し，中央部の画面から New Project Wizard を選択する。

②　"New Project Wizard：Introduction" のウィンドウが表示されるので，表示を読んで

"Next〉" ボタンをクリックする。

③　"New Project Wizard：Directory, Name, Top-Level Entity" が表示されるので，プロジェクトが置かれるディレクトリ，プロジェクトの名前，トップレベルのモジュール名をそれぞれ入力して，"Next〉" ボタンをクリックする（**図 3.32** 参照）。

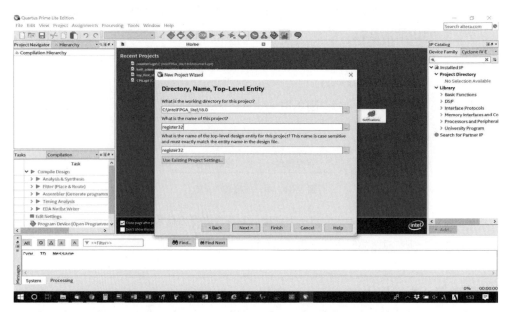

図 3.32　Quartus 新プロジェクトの起動画面（途中）

④　"New Project Wizard：Project Type" が表示される。プロジェクトに利用する過去のプロジェクトのテンプレートがあれば追加するが，なければ何もしないで，"Next〉" ボタンをクリックする。

⑤　"New Project Wizard：Add Files" が表示される。プロジェクトに加えるファイルがあれば追加し，なければ何もしないで，"Next〉" ボタンをクリックする。

⑥　"New Project Wizard：Family, Device & Board Settings" が表示される。

　　実際に使う FPGA デバイスなどをここで指定する。シミュレーションだけが目的であれば，適当な Family を選んで，"Auto device selected Filter" をオンにしておき，"Next〉" ボタンをクリックする。

⑦　"New Project Wizard：EDA Tool Settings" が表示される。Quartus 以外に使うツールがあれば指定して，"Next〉" ボタンをクリックする。

⑧　"New Project Wizard：Summary" が表示されるので，内容を確認して，"Finish" ボタンをクリックする。

すでにあるプロジェクトを開くときは，プロジェクトのあるフォルダで，".qpf ファイル"

（Quartus のアイコン）を起動するか，Quartus で，File タブから Open Project をクリックし，目的とするプロジェクトのあるフォルダに移動してこれを起動する。

3.6.2 回 路 入 力

Quartus で，File タブから，New を選択してクリックし，出てきた選択肢の中から "Verilog HDL File" を選択する。

Verilog 1.v などのウィンドウが表示されるので，回路を Verilog HDL で入力し（**図 3.33**，**図 3.34** 参照），適当な名前を付けて保存する。

```verilog
module register32 (RD, CLK, DI, DO);
    input RD, CLK;
    input [31:0] DI;
    output [31:0] DO;
    reg [31:0] DO;

    always @(negedge RD or posedge CLK)
    begin
        if (RD == 1'b0) DO <= 32'h00000000;
        else DO <= DI;
    end

endmodule
```

図 3.33 32 ビットレジスタの Verilog HDL 入力

図 3.34 Verilog HDL による回路（32 ビットレジスタ）の入力画面

3.6.3　論　理　合　成

Quartus で，Processing タブから，Start Compilation を選択してクリックする。しばらくすると，**図 3.35** の画面となって，コンパイルが終了する。コンパイルエラーがある場合には，画面下の Processing ウィンドウにエラーが表示されるので，修正して再コンパイルする。

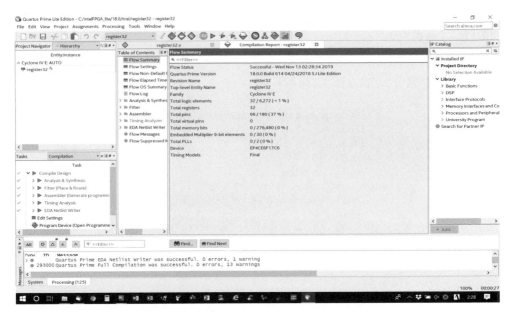

図 3.35　コンパイル終了画面

コンパイルの結果を回路図として見たければ，Tools → Netlist Viewers → RTL Viewer をクリックすれば，**図 3.36** が得られる。

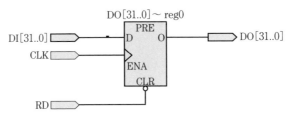

図 3.36　合成結果の図式表示

図を見ればわかるように，32 ビットレジスタの合成結果は，クリア端子付きのエッジトリガ D フリップフロップを 32 個並列に並べたものとなる。

―――《本章のまとめ》―――

❶　**モジュール**　まとまった一つの機能を実現する回路を記述したもの
❷　**宣言部**　信号名や定数を定義する。ポート宣言，ネット宣言，レジスタ宣言，パラメータ宣言などから成る。
❸　**値**　0，1，x，z の4種類が基本
❹　**型**　値を保持しないネット型と保持するレジスタ型がある。
❺　**定数**　ビット幅 ' 基数 値
❻　**基本素子**　and　or　not　nand　nor　xor　xnor　buf
❼　**3状態素子**　bufif0　bufif1　notif0　notif1
❽　**演算子**　算術演算子，ビット演算子，論理演算子，シフト演算子，等号演算子，関係演算子，リダクション演算子，条件演算子，接続演算子
❾　**回路記述部**　assign 文，function，always 文，if 文，case 文，initial 文，モジュール呼出しなどから成る。
❿　**assign 文**　「assign　ネット型信号名　＝　論理式」単純な組合せ回路の記述に用いる。
⓫　**function**　まとまった論理関数（組合せ回路）を記述する関数
⓬　**if文**　条件分岐を行う文。function，always の中で用いられる。
⓭　**case 文**　3方向以上の分岐を実現する。
⓮　**always 文**　「always @（イベント式）文」おもに順序回路の記述に使われる。
⓯　**ノンブロッキング代入文**　＜＝　begin～end 内の代入は，並列に実行される。
⓰　**モジュール呼出し**　「モジュール名　インスタンス名（ポートリスト）」
⓱　**Quartus による設計**　起動→ Verilog HDL による回路入力→論理合成→シミュレーション

◆◆◆◆ 演 習 問 題 ◆◆◆◆

問 3.1　つぎの各組について，二つの定数は同じものか？　違うものであれば違いを説明せよ。
  （1）　10 と 4'd10
  （2）　'bz と 'oz
  （3）　8'o014 と 8'h0d
問 3.2　Quartus 上で1ビット全加算器（図1.6（b）参照）を Verilog HDL を用いて入力し，論理合成せよ。
問 3.3　Quartus 上で同期式10進カウンタを Verilog HDL を用いて入力し，論理合成せよ。
問 3.4　Quartus 上で任意の順序回路（問3.3 よりは複雑なものが望ましい）を Verilog HDL を用いて入力し，論理合成せよ。

4 シミュレーションによる動作検証

本章では，シミュレーションによる動作検証について学ぶ。まず，テストパターンを Verilog HDL の記述によって入力する方法を知る。つぎに，これをテストするために ModelSim を導入し，その操作法を習得する。

4.1 Verilog HDL によるテスト生成

本書では，3.6.4 項で，Quartus において論理回路を入力し，論理合成を行う手順について説明した。ここでは，テストパターンを Verilog HDL で記述する手法を学ぶ。

4.1.1 Verilog HDL によるシミュレーション記述

Verilog HDL は回路を記述するだけでなく，テストパターンを記述することができる。テストパターンをプログラムのようにテキストとして記述することで，作りやすくわかりやすいシミュレーションが実現される。

3 ビット同期式カウンタを考えてみよう。**図 4.1** に Verilog HDL による 3 ビット同期式カウンタの記述例を示す。これは，基本的に図 2.12 と同じものである。

```
module counter4 (RESD, CLK, C);
input RESD, CLK;
output [2:0] C;
reg [2:0] C;

always @(posedge CLK or negedge RESD)
   begin
      if (RESD == 1'b0) C <= 3'b000;
      else C <= C + 3'b001;
   end

endmodule
```

図 4.1 Verilog HDL による 3 ビット
同期式カウンタの記述例

この回路のテストを行う Verilog HDL の記述を**図 4.2** に示す。
Verilog HDL では，テストもモジュールで行うことができる。

```
 1:    module test_counter;
 2:
 3:    reg RESD, CLK;
 4:    wire [2:0] C;
 5:
 6:    counter4 tcounter4 (RESD, CLK, C);     // 対象モジュールの呼出し
 7:
 8:    initial                                // クロックの生成
 9:       begin
10:          CLK = 0;
11:          forever #50 CLK = !CLK;
12:       end
13:
14:    initial                                // テストパターンの生成
15:       begin
16:          RESD = 1;
17:          #10 RESD = 0;
18:          #20 RESD = 1;
19:       end
20:
21:    initial                                // 信号の表示
22:          $monitor (" %3d, %d, %d, %d", $stime, RESD, CLK, C);
23:
24:    endmodule
```

(行番号は，説明のためにつけたもので，本来の記述には入っていない。)
図 4.2　3 ビット同期式カウンタの Verilog HDL によるテスト記述

図 4.2 を一通り見てみよう。

3 行目，4 行目が宣言部であり，ここには信号 RESD，CLK，C の宣言が置かれている。ここで，RESD，CLK はこのモジュールで生成する信号であり，値を保持する必要があるから reg 型となる。

6 行目で，対象となるモジュール（図 4.1 参照）を呼び出す。これは，3.5.6 項で述べたとおりである。

8 行目から 12 行目までで，クロックの与え方が示されている。ここでは，50 単位時間ごとに値を反転させているので，周期 100 単位時間のクロックとなる。ここで用いられている initial, forever, # などは，4.2 節で説明する。

以下，単位時間のことを，**ユニット**（unit）と呼ぶ。

14 行目から 19 行目までは，リセット信号の与え方を示している。初めから 10 ユニット後に RESD を 0 にしてカウンタをリセットし，さらに 20 ユニット後に RESD を 1 にして通常動作に移る。

21 行目，22 行目では，シミュレーション結果の表示を行わせている。$monitor は，リストされている信号 RESD，CLK，C のどれかの値が変化したときに，これらすべての値を表示する。

このモジュールを稼働させたシミュレーション結果を，**図4.3**に示す[†]。

図で，時刻にして10ユニットから30ユニットまででカウンタをリセットし，50ユニットからカウントを始めていることがわかる。クロックの立上りが，100ユニットごとに来るため，以下，150，250，350，…ユニット後に1ずつ増えることになる。

```
#     0        1    0    x
#    10        0    0    0
#    30        1    0    0
#    50        1    1    1
#   100        1    0    1
#   150        1    1    2
#   200        1    0    2
#   250        1    1    3
#   300        1    0    3
#   350        1    1    4
#   400        1    0    4
#   450        1    1    5
#   500        1    0    5
```

図4.3 シミュレーション結果:
単位時間，RESD，CLK，C

4.1.2 モジュールの内部構成

シミュレーション用モジュールの構成を**図4.4**に示す。

```
module モジュール識別子;
    宣言部
    対象モジュール呼出し部
    テストパターン生成・結果表示部
endmodule
```

図4.4 シミュレーション用モジュールの構成

各部の意味は，前項の例から明らかであろう。

4.2節以下では，テストパターン生成・結果表示部について，どういう記述・機能があるのかを示す。

[†] このシミュレーション環境はQuartus本体では用意されていない。4.3節で新しいツールについて述べる。4.3節では，テキスト出力とともに波形出力のやりかたについても学ぶ。

4.2 Verilog HDL によるテストパターン生成と結果の表示

4.2.1 遅　　延

図 4.5 に遅延の表現を示す。

$$\boxed{\text{\#定数}}$$

図 4.5　遅延の表現

図は，現在時刻から定数分だけ時計を進めることを表している。遅延の単位時間（ユニット）は，CAD システムごとにデフォルト値（1 ps など）が設定されており，さらにユーザが変更できるようになっていることが多い。

4.2.2 initial 文とテストパターン入力

initial 文は，シミュレーション開始後，1 回だけ実行される文である。これに対して，always 文は@（　）で示される条件が満足されれば何度でも実行される文であった（3.5.5項参照）。

initial 文と遅延（#）を用いて，テストパターンを入力するモジュールを書くことができる。例を図 4.6 に示す。

```
module test_circuit;
reg s1, s2, s3, s4, s5, ..., sn;

circuit circuit_instance (s1, s2, s3, s4, s5, ..., sn);  // モジュール呼出し

initial begin                                             // テストパターン入力
        s1 = 0; s2 = 0; s3 = 0; .... ; sn = 0;
#100    s1 = 1; s2 = 0; s3 = 0; .... ; sn = 0;
#100    s1 = 0; s2 = 1; s3 = 0; .... ; sn = 0;
#100    s1 = 1; s2 = 1; s3 = 0; .... ; sn = 0;
#100    s1 = 0; s2 = 0; s3 = 1; .... ; sn = 0;
#100    s1 = 1; s2 = 0; s3 = 1; .... ; sn = 0;
                            ⋮
#100    s1 = 1; s2 = 1; s3 = 1; .... ; sn = 1;
end
endmodule
```

図 4.6　テストパターン入力

図 4.6 では，モジュール circuit の実現例（インスタンス）である circuit_instance という回路に，100 ユニットおきに異なる入力パターンを投入している。

図 4.2 では，クロック信号（CLK）の入力，リセット信号（RESD）の入力，信号の表示

の3種類の作業のために，それぞれ initial 文が使われていた。

4.2.3　繰返し文と wait 文

Verilog HDL では，繰返しの実現のために，for 文，while 文，repeat 文，forever 文が用意されている。また，特定の条件を待って実行を行うために wait 文が用意されている。それぞれの構文，意味，用例を**表 4.1** に示す。

表 4.1　繰返し文と wait 文

構　　　文	意　　　味	用　　　例

for（代入文1; 式; 代入文2）文	代入文1で初期化した後，式が満足されている限り，「文，代入文2」を繰り返す	for (i=0; i <=100; i=i+1)
		begin
		　# 100 data=memory[i];　// 100 ユニットごとにメモリの
		end　　　　　　　　　　// i 番地からデータを読み込む

while（式）文	式が満足されている限り，文を繰り返す	i=0;
		while (data !=8'h00)
		　begin
		　　# 100 data=memory[i]; // データが0でない限りメモリの
		　　i=i+1;　　　　　　　　// つぎの番地からデータを読み込む
		　end

repeat（式）文	式で与えられた回数だけ，文を繰り返す	repeat (1000) 　begin 　　# 100 data = data_in;　// 100 ユニットごとにデータを 　end　　　　　　　　　　// 1 000 回読み込む
forever 文	文を無限回繰り返す	forever #50 CLK=!CLK;　// 周期100ユニットのクロックの生成
wait（式）文	式が真であれば実行，偽であれば待つ	wait (!BUSY)........ ;　　// BUSY が真であれば待つ

4.2.4　シミュレーションで用いるデータ型

Verilog HDL での設計に用いられるデータ型は，reg（レジスタ型）と wire（ネット型）であった。これに対して，シミュレーションを行うモジュールの中では，さらに integer 型などを用いることができる[†]。integer 型は，32 ビット符号付き整数である。

4.2.5　タ　ス　ク

タスク（task）はシミュレーションにおける**サブルーチン**（subroutine）である。入力，出力，入出力の各信号の受取り・受渡しができる。**図 4.7** にタスクの構文を示す。

[†]　このほかに time 型，real 型，event 型などがあるが，この本の範囲では必要ないので，ここでは省略する。

```
task タスク識別子;
宣言部
テストパターン生成・結果表示部
endtask
```

図4.7　タスクの構文

4.2.6　システムタスク

前項で述べたタスクは，ユーザがモジュールの中で定義するものであったが，Verilog HDL では，システム側であらかじめ用意されているタスクを用いることができる。これを**システムタスク**（system task）と呼ぶ。

表4.2にシステムタスクとその動作説明を一覧表の形で示す。システムタスクの名前は必ず $ で始まる。

表4.2　システムタスクとその動作説明

種　　類	名　　前	動　　作
値を返す	$time	シミュレーション時刻を返す（64 bit）
	$stime	シミュレーション時刻を返す（32 bit）
表示	$display	リストした信号の値を表示（行末に改行）
	$write	リストした信号の値を表示（行末に改行なし）
	$monitor	リストした信号の値に変化があれば表示
ファイル読み書き	$readmemh	テキストファイルを16進数としてメモリに読出し
	$readmemb	テキストファイルを2進数としてメモリに読出し
	$writememh	テキストファイルを16進数としてメモリから書込み
	$writememb	テキストファイルを2進数としてメモリから書込み
フォーマット付き ファイル操作	$fopen	ファイルを開く
	$fclose	ファイルを閉じる
	$fdisplay	$display と同様にファイルに書込み
	$fwrite	$write と同様にファイルに書込み
	$fmonitor	$monitor と同様にファイルに書込み

表4.2のうち，表示用のシステムタスクは，**図4.8**（a）のような書式で呼び出される。これは C 言語の printf とほぼ同じ書式と考えてよい。実際の表示は，図（b）のようになる。これは，「シミュレーション時刻，（タブ），RD 信号（2進数），CLK 信号（2進数），C

```
$monitor($stime,"¥t rd=%b, clk=%b, count=%d",RESD,CLK, C);

　　　（a）　システムタスクの書式（例）

#  250 rd=1, clk=1, count=2

　　　（b）　出力（例）
```

図4.8　表示用システムタスク（例）

信号（10進数），（改行）」を表示せよというシステムタスク $monitor の指定による。

つぎに，ファイル読み書き用のシステムタスクの書式を**図4.9**に示す。

ファイル読み書き用のシステムタスクでは，「ファイル名，メモリ名，開始メモリアドレス，終了メモリアドレス」を指定する。このうち，「開始メモリアドレス，終了メモリアドレス」は省略可能である。

```
$readmemb ("filename", memory_name, [start, end]);
```

図4.9 ファイル読み書き用システムタスクの書式

フォーマット付きファイル操作は，C言語のそれとほぼ同じ書式となる。これを用いるときには，必ずinteger型の**ファイル記述子**（file descriptor）を宣言しておく必要がある。**図4.10**に，一連のフォーマット付きファイル操作を示す。$fopen，$fclose以外は，第一引き数にファイル記述子が入るほかは，表示用システムタスクと同様に使える。

```
integer fp;                         // ファイル記述子の宣言
fp = $fopen ("datafile");           // ファイル datafile を開く
......
$fmonitor (fp, $stime, "¥t rd = %b, clk = %b, count = %d", RESD, CLK, C);
                                    // ファイル書込み
$fclose (fp);                       // ファイル datafile を開く
```

図4.10 フォーマット付きファイル操作

4.3 シミュレーション環境の整備

Quartusの本来の環境では，Verilog HDLの記述に従ったシミュレーションを行うことができなかった。ここでは，Quartusとも連携したCADシステムであるMentor社のModelSimを導入し，基本プロセッサのシミュレーションに備える。

4.3.1 ModelSimの導入

Quartus向けのModelSimをダウンロードする（付録B．参照）。ModelSimの基本操作は，つぎのとおりである。

〔1〕 **プロジェクトの開始**

プロジェクトを新しく始めるとき：File〉New〉Project

すでにあるプロジェクトを再開するとき：File〉Openでファイル形式をProject Filesとして表示されるプロジェクトファイルを開く。

〔2〕 **Verilog HDL による回路入力，シミュレーション記述の入力**

新しく Verilog HDL ファイルを作るとき：File〉New〉Source〉Verilog

既存の Verilog HDL ファイルを開くとき：File〉Open で表示されるファイルを開く。

〔3〕 **論 理 合 成**

ModelSim の画面（**図 4.11** 参照）で，Workspace に表示されるファイル名を見て，論理合成するファイルを選び

Compile〉Compile Selected（すべて合成するときは Compile All）

とする。

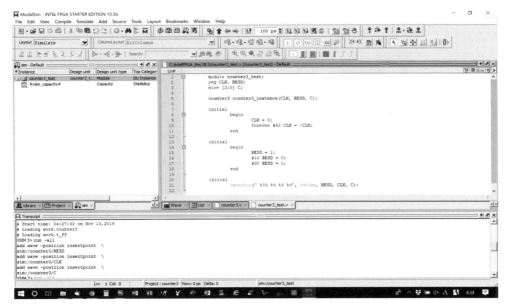

図 4.11　ModelSim 編集画面

〔4〕 **シミュレーション**

① Simulate〉Start Simulation とし，シミュレーション対象の Verilog HDL ファイルを指定する。

② Simulate〉Run〉Run all（必要に応じて Step など）をする。

③ シミュレーション結果は，下の Transcript ウィンドウにテキストで出力される。**図 4.12** に出力例を示す。ここでは，Transcript ウィンドウの中身を切り出して示した。シミュレーションの結果によって，3 ビット同期式カウンタの動作が確認された。

④ Simulate〉End simulation とし，シミュレーションを終了する。

```
# Compile of counter3.v was successful.
# Compile of counter3_test.v was successful.
# 2 compiles, 0 failed with no errors.
Modelsim> vsim work.counter3_test
# vsim work.counter3_test
# Start time: 04:54:01 on Nov 13, 2019
# Loading work.counter3_test
# Loading work.counter3
# Loading work.t_ff
VSIM5> run 800
#     0 1 0 x
#    10 0 0 0
#    30 1 0 0
#    50 1 1 1
#   100 1 0 1
#   150 1 1 2
#   200 1 0 2
#   250 1 1 3
#   300 1 0 3
#   350 1 1 4
#   400 1 0 4
#   450 1 1 5
#   500 1 0 5
#   550 1 1 6
#   600 1 0 6
#   650 1 1 7
#   700 1 0 7
#   750 1 1 0
```

図 4.12　シミュレーション結果（3 ビット同期式カウンタ）

〔5〕　**プロジェクトの終了**

左上の Project タブをクリックして選択し，File〉Close として，プロジェクトを終了する。

〔6〕　**ModelSim の終了**

File〉Quit とし，出てきた画面に対して「はい（Y）」(Yes) をクリックして，ModelSim を終了する。

4.3.2　シミュレーションの波形出力

図 4.12 では，シミュレーション結果をテキスト形式で示した。ModelSim では，これを波形出力によって示すことができる。以下，波形出力の手順を示す。

① 　プロジェクトを立ち上げ，必要な Verilog HDL ファイルを作成・コンパイルする。

② 　View〉Wave によって，波形出力画面を表示させる。

③ 　左上の Objects タブをクリックして，表示させたい信号を選び，波形出力画面にドラッグアンドドロップする（あるいは，表示させたいモジュールを選び，右クリックして Add〉Add to Wave をする）。

④　Simulate〉Start Simulation とする。

⑤　Simulate〉Run〉Run all（必要に応じ Step など）をする。

⑥　シミュレーション結果は，波形出力ウィンドウに示される。同時に下の Transcript ウィンドウにもテキストで出力される。**図 4.13** にシミュレーションの出力波形を示す。この波形を分析するためのツールがいくつか用意されているので，マニュアルやチュートリアルを参照しながら実験すること。

⑦　Simulate〉End simulation とし，シミュレーションを終了する。

　以上で，ModelSim の導入と設計・シミュレーションの手順について，概要を示した。メモリ内容の表示と初期化，Quartus との協調などについては，次章以降で基本プロセッサの設計とともに学ぶ。

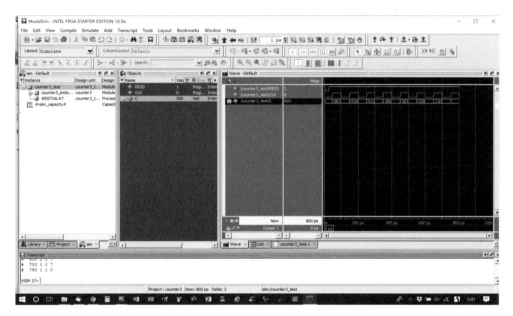

図 4.13　シミュレーションの出力波形（ウィンドウ拡大）

━━━━━━━《本章のまとめ》━━━━━━━

❶　**Verilog HDL によるシミュレーション記述**　　テキスト形式でテストパターンを生成し，シミュレーションするための記述。module で与える。

❷　**シミュレーション記述のための基本構文など**　　# 定数，initial 文，for 文，while 文，repeat 文，forever 文，wait 文，task

❸　**システムタスク**　　$time, $stime, $display, $write, $monitor, $readmemh, $readmemb, $writememh, $writememb, $fopen, $fclose, $fdisplay, $fwrite, $fmonitor

❹　**ModelSim**　　Mentor Graphics 社の CAD システム。本書では，Verilog HDL でシミュレーション記述を行うために導入する。

❺　**ModelSim による CAD**　　プロジェクト作成，Verilog HDL 入力，論理合成，シミュレーションの順。シミュレーション出力はテキストと波形の両方が可能。

◆◆◆◆ 演 習 問 題 ◆◆◆◆

問 4.1　付録 B. に従って，ModelSim をインストールし，チュートリアルを実行せよ。

問 4.2　ModelSim 上で，図 4.1 のカウンタ回路を実装し，図 4.2 のシミュレーション記述に基づいてシミュレーションを行え。シミュレーション結果は，図 4.3 のようなテキスト出力と図 4.13 のような波形出力の両方で示せ。

5 データの流れと制御の流れ

　この章では，コンピュータの中のデータの流れと制御の流れの基本について学ぶ。最初にデータの流れのもととなる主記憶装置の機能と構造を知り，主記憶・レジスタ・ALU の 3 者の間のデータの流れを理解する。つぎに，これらデータの流れや ALU の演算を決める制御信号群について学ぶ。制御信号群を生成するのは命令である。命令は，ソフトウェアとハードウェアのインタフェースとなるきわめて重要なものであり，これを決めることがコンピュータアーキテクチャを考える上で最も大きなこととなる。ここでは命令とは何かを述べたあと，さらに命令列を生成するシーケンサの基本を学ぶ。シーケンサこそが，コンピュータ全体を統率する指揮者だと思ってよい。

5.1 主 記 憶 装 置

　コンピュータの基本は ALU とレジスタの間のデータの流れにある。データが正しく流れ，整形されることによって計算が進む。しかし，レジスタは無限の数用意されているわけではない。レジスタの後には，主記憶装置という大きなメモリがあって，レジスタに入りきらないデータを保持している。本節では，主記憶装置について学ぶ。

5.1.1　主記憶装置の導入

　1 章の最後でコンピュータの演算のサイクルについて学んだ。レジスタからデータを取り出し，これを ALU に入力し，ALU に適切な動作をさせ，結果をレジスタに格納する。これを繰り返して計算が進む。

　レジスタは 1 語のメモリである。ところで，通常のコンピュータで必要とされるメモリの量は，プログラムが対象とする問題にもよるが 1 億語などというものであり，これは ALU と直接結合するレジスタとして実現するには大きすぎる。

　われわれのコンピュータでは，レジスタの外側に**主記憶装置**（main memory）と呼ばれる大きな記憶装置を置いている。現在，これは半導体素子で作られている。

　図 5.1 に主記憶装置を含む演算実行機構を示す。

　主記憶装置を含む演算のサイクルを考えてみよう。ふつう最初の状態では，データは，主

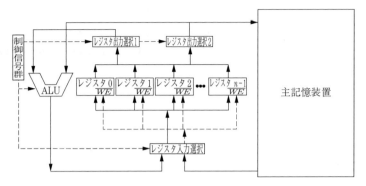

図5.1　主記憶装置を含む演算実行機構

記憶装置にたくわえられている。

① 主記憶装置からレジスタにデータを移動させる（読出し，read）

② レジスタ ⇒ ALU ⇒ レジスタ（計算，calculation）

③ レジスタから主記憶装置にデータを移動させる（書込み，write）

これを繰り返すことで，大量のデータを処理することができる。

5.1.2　メモリの構成

　主記憶装置もレジスタと同じく，フリップフロップを並べて作ることができるが，ふつうメモリとは，アドレス（address，番地）を使ってアクセスする記憶装置のことを指す。5.1.1項からわかるとおり，メモリの基本機能は，つぎの二つである。

① リード（read，読出し）　与えられたアドレスに記憶されているデータを読み出す。

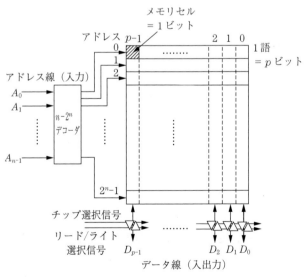

図5.2　メモリの一般的な構成

② ライト（write，書込み）　与えられたアドレスに与えられたデータを書き込む。

図5.2にメモリの一般的な構成を示す。

メモリは，アドレス線 A_{n-1}，…，A_1，A_0 と制御線（図ではチップ選択信号とリード／ライト選択信号）を入力線（単方向）としてもち，データ線 D_{p-1}，…，D_1，D_0 を入出力線（双方向）としてもつ。アドレス信号は，まずデコーダによってデコードされ，対象とするメモリの**語**（word，ワード）を指定する信号となる。いま，1語が p ビットから成るとすると，この信号によって特定された語が操作の対象である。

デコーダ（decoder）とは，n ビットの信号を $2n$ 本の線上に展開するもので，もとの信号が i を表すときは，i 番目の出力線だけが1になるような回路である。図5.3に，3入力の信号を8本の線に展開するデコーダを示す。1メガ語（1 mega word，1 MW）のメモリには，単純計算で20入力1 048 576出力のデコーダが使われることになる[†]。

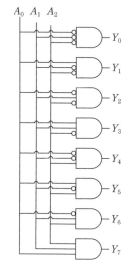

図5.3　3入力8出力デコーダ

メモリの本体は，セルと呼ばれる1ビットの記憶素子を2次元に並べたものであり，ここにデータがたくわえられる。

いま，リード／ライト選択信号がリードを指示したとき，アドレスによって指定された1語のデータ（p ビット）が，データ線の上に出力される。リード／ライト選択信号がライトを指示したとき，アドレスによって指定された1語のデータが，データ線から対象とする p 個のメモリセルに書き込まれる。

[†]　実際には，メモリは2次元的に構成されており，10入力1 024出力のデコーダが二つあると考えたほうが正確である。

5.1.3 メモリの分類

メモリは，読出しだけができる **ROM**（read only memory）と，読み書きの両方ができる **RAM**（random access memory）に大別される。

ROM はその名のとおり，読出しはできるが書込みはできないメモリである。書込みができないといっても，それは，プロセッサの通常の書込み命令によっては書き込めない，という意味であって，あらかじめ別の手段で書き込んでおくことによって，必要なデータを随時利用することができる。

RAM は，セルがフリップフロップによってできている **SRAM**（static RAM）と，セルが電荷の蓄積によって実現される **DRAM**（dynamic RAM）に分類される。SRAM は DRAM と違って，リフレッシュなどをしなくても，電源を供給しているだけでデータが保持される。SRAM は記憶回路の設計が楽であり，動作も DRAM に比べて速いが，一方で DRAM より実装規模が大きい（典型的には4倍）欠点がある。SRAM は，高速動作が必要な小容量の記憶として使われる。DRAM はデータの保持のためにプリチャージとリフレッシュが必要であり，アクセスも複雑である。しかし，DRAM は容量が SRAM の4倍以上と大きく，高速化のための工夫も進んでいるため，コンピュータの主記憶などとして，広く使われている。図 5.1 の「主記憶装置」も DRAM である場合がほとんどである。その中でも **SDRAM**（synchronous DRAM）と **RDRAM**（rambus DRAM）がいまの DRAM の主流となっている。

5.1.4 レジスタファイル

図 5.1 の n 個のレジスタ群の中から i 番目のレジスタを指定するには，どういう機構が必要だろうか。じつは，レジスタも通常のメモリと同様，アドレスをもっていて，これを使ってアクセスされる。このようにアドレス付けされたレジスタ群のことを，**レジスタファイル**（register file）と呼ぶ。現在のコンピュータでは，レジスタファイルの大きさは，32 語程度である。

主記憶装置に使われるメモリとレジスタファイルが異なるのは，つぎの2点である。

① 主記憶のメモリはふつう DRAM が使われるが，レジスタファイルは高速な SRAM が使われる。

② 主記憶のメモリは，一度に一語しかアクセスできないが，レジスタファイルは最低でも2語の読出しと1語の書込み（全体で三つの並列アクセス）が同時にできる。メモリのアクセスの口を**ポート**（port）と呼ぶが，レジスタファイルは読出し2ポートと書込み1ポートの3ポートをもつ。

したがって，最も簡単なレジスタファイルの構成は，**図 5.4** のようになる。

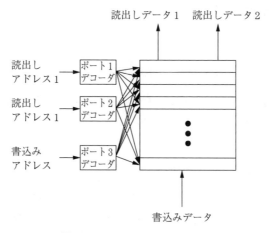

図5.4 レジスタファイルの構成

5.1.5 主記憶装置の接続

本節で，主記憶装置とレジスタファイルの構成について学んだが，これを組み合わせれば図5.1より正確な実行機構を描くことができる。これが**図5.5**である。

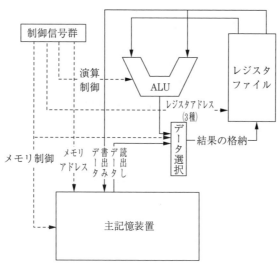

図5.5 コンピュータの実行機構

図5.5では，図5.1のレジスタ群がレジスタファイルとなり，主記憶にアドレスとメモリ制御の2種類の入力が追加されている。

5.2 命令とは何か

コンピュータの制御信号は命令によって作られる。命令も2進数のデータであり，これを解釈して制御信号に直すことで，計算が実行される。命令は，算術論理演算命令，メモリ操作命令，分岐命令の3種類に大別される。

5.2.1 命　　　令

制御信号を生成して，コンピュータの動作を決めるものが，**命令**（instruction）である。コンピュータの発明の最も偉大な点は，命令を一つのデータ（命令語，instruction word）として表現できることである。命令こそがハードウェアとソフトウェアのインタフェースとなるものである。命令語の長さはふつう32ビット程度である。

機械語の**プログラム**（program）とは命令の集まったものであり，書かれている順番に命令を実行することで処理が進められる。具体的には，プログラムはメモリに格納されており，あるプログラムの命令がメモリから順番に読み出され，解釈実行されることで，処理が進行するわけである。

図5.6に典型的な命令の種類と形式を示す。

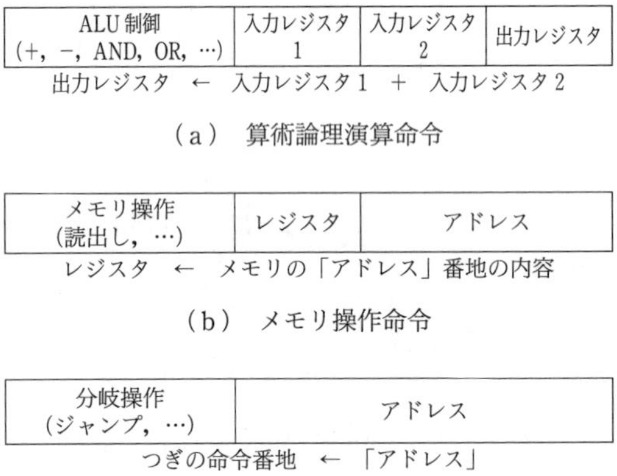

ALU制御 (+, −, AND, OR, …)	入力レジスタ 1	入力レジスタ 2	出力レジスタ

出力レジスタ ← 入力レジスタ1 ＋ 入力レジスタ2

（a）　算術論理演算命令

メモリ操作 (読出し, …)	レジスタ	アドレス

レジスタ ← メモリの「アドレス」番地の内容

（b）　メモリ操作命令

分岐操作 (ジャンプ, …)	アドレス

つぎの命令番地 ← 「アドレス」

（c）　分岐命令

図5.6 命令の種類と形式

命令は，複数の**フィールド**（field）からできている。最初のフィールドには，ふつう**操作コード**（operation code）が入っており，ここで操作が指定される。他のフィールドは操作によって異なり，レジスタの番地，メモリの番地，実行にあたっての細かいルールを符号化したもの，などが入る。

　図5.6（a）の命令は，算術論理演算命令であり，ALUを操作して加算やANDをとる処理を指示する。図（b）の命令は，メモリとレジスタファイルの間のデータのやりとりを指示するメモリ操作命令である。図（c）の命令は，つぎに実行する命令の番地を指定する命令である。これらの命令については，6章で詳しく扱う。

5.2.2　命令実行のしくみ

　図5.5に命令実行のしくみを入れたものを**図5.7**に示す。ここでは主記憶は，プログラムを記憶する**命令メモリ**（instruction memory）と，操作対象のデータを記憶する**データメモリ**（data memory）に分けて書かれている。

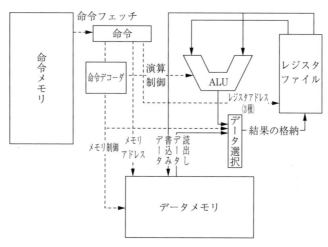

図5.7　命令実行の基本形

　プログラムの実行は，命令メモリから一つの命令を読み出すことから始まる。この命令読出しの操作を**命令フェッチ**（instruction fetch）と呼ぶ。フェッチされた命令は，**命令レジスタ**（instruction register）と呼ばれるレジスタに入れられる。

　つぎに，命令レジスタに入った命令を解釈（デコード，decode）する。図5.7の**命令デコーダ**（instruction decoder）がこれを行う。命令デコーダは，メモリアドレスのデコーダと同じく，図5.3に示したものが基本形となるが，ALUの制御やメモリ操作にあわせて制御信号を生成する。デコードと同時に，演算に必要なデータがレジスタファイルから読み出される。

　さらにつぎには，命令が実行される。

　最後に命令の実行結果の値が，レジスタファイルのレジスタに格納される。

5.2.3　算術論理演算命令の実行サイクル

本項と次項では，命令実行のサイクルを具体的に観察してみる。本項では，算術演算である加算の実行について見てみる（**図5.8**参照）。

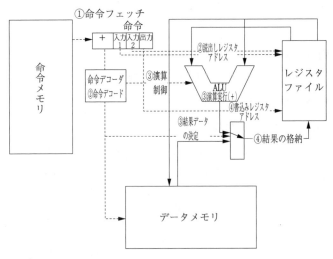

図5.8　算術演算の実行

〔1〕　**命令フェッチ**　命令メモリから図5.6（a）の形式の命令を読み込む

〔2〕　**命令デコード**　命令デコーダでALUの制御信号を生成する。同時に，レジスタファイルからALUへの入力となる二つのレジスタの値を読み出す。レジスタアドレスは，命令の2番目と3番目のフィールドに格納されている。

〔3〕　**実　　行**　ALUがデコーダで指定された演算（＋）を実行する。結果の選択信号をALUからの出力を選択するようにセットする。

〔4〕　**結果の格納**　レジスタファイルに実行結果が格納される。結果が入るレジスタアドレスは，命令の4番目のフィールドに格納されている。

5.2.4　メモリ操作命令の実行サイクル

メモリ操作命令は，メモリの読出しと書込みに大別される。ここではメモリからのデータ読出しを行う手順について見ていく（**図5.9**参照）。

〔1〕　**命令フェッチ**　命令メモリから図5.6（b）の形式の命令を読み込む。

〔2〕　**命令デコード**　命令デコーダでメモリの制御信号であるチップ選択信号とリード／ライト信号を生成する。メモリアドレスを生成する。

〔3〕　**実　　行**　メモリ制御信号とアドレスをもとに，データメモリから対象とする語を読み出す。結果の選択信号をメモリからの出力を選択するようにセットする。

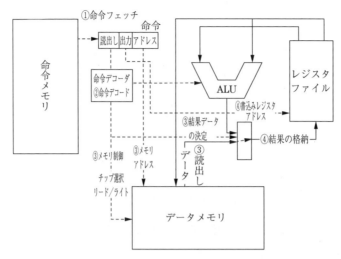

図5.9 メモリ操作命令（読出し）の実行

〔4〕 **結果の格納**　レジスタファイルに実行結果が格納される。結果が入るレジスタア
ドレスは，命令の2番目のフィールドに格納されている。

5.3 シ ー ケ ン サ

　命令の実行順序の制御はどうするのだろうか。具体的には，条件分岐や繰返し実行はどう
やって実現するのであろうか。これを実現するのがシーケンサである。この節では，シーケ
ンサの原理と，条件分岐命令の実行例を示す。

5.3.1 シーケンサとは何か

　プログラムの実行は，どういう命令をどういう順番でフェッチするかで決まる。命令メモ
リに格納された命令を順番に実行するときも，条件分岐や繰返し実行を行うときも，「つぎ
の命令をフェッチする機構はどうなっているのか」が問題である。つぎにどの命令を実行す
るのかを決める機構を**シーケンサ**（sequencer）と呼ぶ。シーケンサは，コンピュータ全体
を統率する指揮者の役割を負っている。

　最も簡単なシーケンサを**図5.10**に示す。シーケンサは，**プログラムカウンタ**（program
counter）と呼ばれるレジスタと，付加回路から成る。

　シーケンサは，命令アドレスの生成回路である。すでに示したように，命令はデータ同様
にメモリに格納されているのだから，つぎに実行する命令の格納されているアドレス
（instruction address）を確定してやれば，あとは前節までで示した機構でプログラムの実行

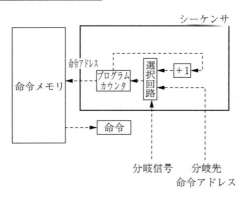

図5.10　簡単なシーケンサ

は自動で進む。これが**プログラム格納型コンピュータ**（stored program computer, von Neumann computer ともいう）の原理である。現在のほとんどすべてのコンピュータはこの原理のもとに作られている。

　どうやってつぎの命令アドレスを確定するのか。これは，つぎの三つの場合に分けて考える必要がある。

① 　通常の算術論理演算命令やメモリ操作命令のつぎには，命令メモリのつぎの番地の命令を実行する。図中で「＋1」と書いたところがこれにあたる。いまのプログラムカウンタの値の1語後の番地を新たにプログラムカウンタに入れることになる。

② 　無条件分岐命令（ジャンプ命令）を実行したときは，行先の番地を命令レジスタやレジスタファイルなどから生成して，これをプログラムカウンタに入れてやればよい。

③ 　条件分岐命令（ブランチ命令）を実行したときは，条件判定の結果を「分岐信号」として取り込み，これに基づいて，分岐先の命令アドレスをプログラムカウンタに入れるか，それともプログラムカウンタの値を「＋1」するかを決める。

　このように，プログラムカウンタの値を生成・選択することが，シーケンサのおもな動作である。

5.3.2　コンピュータ中枢部の構成

　シーケンサを含むコンピュータ中枢部の全体を**図5.11**に示す。

　図5.11は，図5.7にシーケンサを加えたものである。条件分岐のときの分岐信号は，ALUの出力から演算結果フラグ（例：結果が0であるかどうかの判定）を作り，これをもとに生成する。

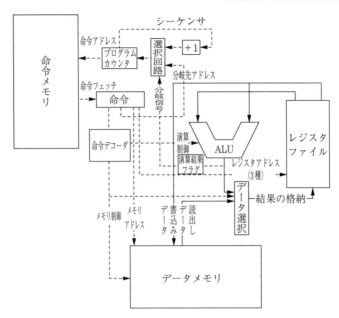

図 5.11　コンピュータ中枢部の構成

5.3.3　条件分岐命令の実行サイクル

　条件分岐命令は，レジスタファイルやメモリに対しては何も作用を及ぼさず，条件に従っ
てプログラムカウンタをセットすることで，プログラムの実行順序を制御する。その実行例
を**図 5.12**に示す。

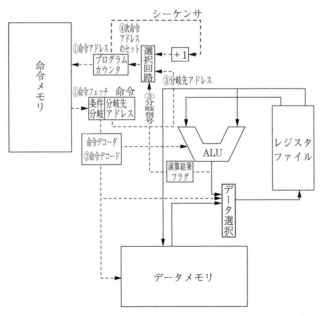

図 5.12　条件分岐命令の実行

〔1〕 **命令フェッチ**   プログラムカウンタの値に従って，命令メモリから命令を読み込む。

〔2〕 **命令デコード**   命令デコーダで条件分岐命令であることを判別する。

〔3〕 **実   行**   比較などの演算を行い，「演算結果フラグ」の値からシーケンサの選択信号を作る。これをもとに，命令のフィールドである分岐先アドレスと，「＋1」のどちらかを選ぶ。

〔4〕 **新しいプログラムカウンタ値のセット**   選ばれた命令アドレスをプログラムカウンタにセットする。

《**本章のまとめ**》

❶ **主記憶装置**   アドレスによって語の読み書きを行う大容量のメモリ

❷ **ROM**   読出し専用メモリ

❸ **RAM**   読み書きのできるメモリ。低速大容量の DRAM と高速小容量の SRAM がある。

❹ **命令**   コンピュータを制御する源。2進数のデータとして表現され，命令メモリに格納されている。

❺ **命令の種類**   算術論理演算命令，メモリ操作命令，分岐命令

❻ **命令実行サイクル**   フェッチ，デコード，実行，結果の格納の四つの動作から成る。

❼ **シーケンサ**   つぎの命令アドレスを決める機構。プログラムカウンタと付加回路から成る。

◆◆◆◆ 演 習 問 題 ◆◆◆◆

問 **5.1**　ROM にはさまざまな種類がある。これについて調べてみよ。

問 **5.2**　SDRAM の動作について調べてみよ。

問 **5.3**　プログラムカウンタを汎用レジスタの一つとしてレジスタファイルの中に入れることもできる。このやりかたの問題点について述べよ。

6 命令セットアーキテクチャ とアセンブラ

命令セットとは，コンピュータのすべての命令の集まりを指す。命令セットアーキテクチャとは，コンピュータで使われる命令の表現形式と各命令の動作を定めたものである。命令セットアーキテクチャは，コンピュータに何ができるかをユーザに示し，どのようなハードウェア機能が必要かを設計者に教える。本章では，RISC 型の命令セットアーキテクチャを示し，アセンブラを設計・製作する。

■ 6.1 命令の表現形式とアセンブリ言語

命令の表現形式とは，各命令を 2 進数でどう表すかを定めたものである。ここで扱うコンピュータの命令形式には 3 種類ある。本節では，最初に命令の一般形について述べ，つぎに表現形式を示す。最後にアセンブリ言語を導入する。

6.1.1 操作とオペランド

一つの命令は，**操作**（operation）と**操作の対象**（**オペランド**，operand）との組である。これらはともに 2 進数として符号化され，**命令語**（instruction word）に納められる。

オペランドはさらに，**ソースオペランド**（source operand）と**デスティネーションオペランド**（destination operand）に分かれる。

オペランドは，データレジスタ，メモリ語，プログラムカウンタ，その他のレジスタである。これら以外にも，定数を対象とした操作を行う場合，命令語の中に定数を入れる領域を設けることがある。これを**即値**（immediate）と呼ぶ。即値もオペランドの一種である。

6.1.2 命令の表現形式

一般に，命令語はいくつかの領域（**フィールド**，field）に分けられている。この領域の分け方と意味付けによって，命令の表現形式（**命令形式**，instruction format）が分類される。

命令には，操作を指定する 2 進数とオペランドを表す 2 進数が入る。前者を**操作コード**（operation code），後者を単にオペランドと呼ぶ。

ここで，命令は，1 語 32 ビットの固定長を考える。また，命令形式は，R，I，A の 3 種

類のみを考える（**図6.1**参照）。

これ以外にもさまざまな命令形式が考えられるが，現在の RISC 型コンピュータでは命令を極力単純化することでデコードにかかる時間を減らし，高速化している。固定長でかつ 3 種類というのはこの目的にかなう。

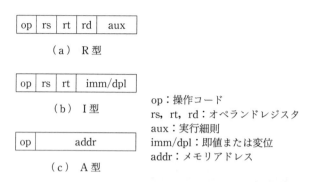

op：操作コード
rs, rt, rd：オペランドレジスタ
aux：実行細則
imm/dpl：即値または変位
addr：メモリアドレス

図6.1　命令の表現形式

6.1.3　命令フィールド

図6.1 の op が操作コードである。操作コードのフィールドは，すべての命令の形式に共通であり，操作コードの値によって命令の形式は R，I，A に分かれる。

op 以下，rs, rt, rd がオペランドレジスタ，aux は命令の細則，imm/dpl は即値または変位（6.3節参照），addr はメモリアドレスを示すフィールドである（**図6.2**参照）。

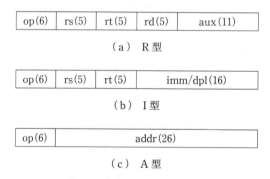

図6.2　命令のフィールド構成

imm, dpl, addr は，この大きさでは不足する場合がある。その場合は，複数の命令（即値生成とシフトなど）を組み合わせてより大きな値を作る。

6.1.4　アセンブリ言語

機械語のプログラムは，命令を適切な順序で並べたものである。命令は 2 進数で表現され

るから，プログラムは2進数の並んだものとなる。2進数の並びは，正確だが人間が理解するのが困難である。

　そこで，英語に近い記号で機械語のプログラムを表現することが考案された。これを**アセンブリ言語**（assembly language）による表現という。アセンブリ言語による表現の例を，**図6.3**に示す。

（a）　R型のアセンブリ表現

（b）　I型のアセンブリ表現

（c）　A型のアセンブリ表現

図6.3　アセンブリ言語による命令の表現

　アセンブリ言語は，CやFORTRAN，JAVAなどの高級言語と違って，機械語と1対1の対応がある。アセンブリ言語の1命令は機械語の1命令に対応している。

6.2 命令セット

コンピュータの命令は，算術論理演算命令，メモリ操作命令，分岐命令に大別される。これらの動作の概略は，5.2節および5.3節で示した。ここでは，個々の命令について，その表現形式と動作を学んでいく。

6.2.1　算術論理演算命令

典型的な算術演算命令の一覧を**表6.1**に，論理演算命令の一覧を**表6.2**に示す。算術論理演算命令は，レジスタ間の演算か，レジスタと即値との間の演算のどちらかに限る。したがって，命令形式は，R型かI型となる。

表6.1　算術演算命令

	整数演算命令		浮動小数点演算命令
	R型	I型	R型
加算	add	addi	fadd
減算	sub	subi	fsub
乗算	mul	muli	fmul
除算	div	divi	fdiv
剰余	rem	remi	
絶対値	abs		fabs
算術左シフト	sla		
算術右シフト	sra		

表6.2　論理演算命令

	R型	I型
論理積	and	andi
論理和	or	ori
否定	not	
NOR	nor	nori
NAND	nand	nandi
排他的論理和	xor	xori
EQUIV	eq	eqi
論理左シフト	sll	
論理右シフト	srl	

表6.1および表6.2の各項目で，addとかsubとか並んでいるものは，アセンブリ言語の操作コード（場合によってauxフィールドを一部含む場合がある）である。

その具体的な動作の例を**図6.4**に示す。

図6.4（a）は，R型のadd命令の実行を表している。これは5.2.3項で述べたものを簡略化して書いたものである。図（b）は，I型のaddi命令の実行を表している。addと基本

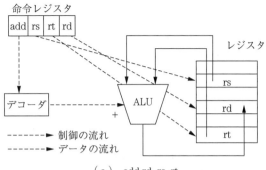

（ a ） add rd, rs, rt

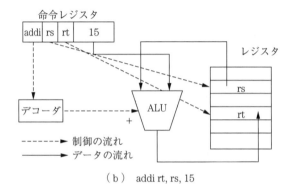

（ b ） addi rt, rs, 15

図 6.4　算術論理演算命令の実現

的なところは同じだが，ソースオペランドの選択が imm になるように設定されており，格納するレジスタ番地も rd ではなく，rt で与えられる点が異なっている。

　他の命令も，ALU（など演算器）への制御命令を変えることで同様に実現できる。

6.2.2　メモリ操作命令

　メモリ操作命令は，レジスタ間のデータ移動，メモリとレジスタの間のデータ移動，メモリと入出力機器の間のデータ移動の3種類に大別される。

　レジスタ間のデータ移動は，addi r1, r2, 0（r2に0を加えてr1に入れる）といった算術演算命令で実現されるので，ことさらに新しい命令を追加する必要はない。ただし，特別なレジスタに対するデータ移動には特別な命令が必要となる。浮動小数点演算専用のレジスタを設ける場合などがこれにあたる。

　メモリとレジスタの間のデータ移動は，ロード / ストア命令が行う。**ロード命令**（load instruction）は，メモリからレジスタへデータを移動し，**ストア命令**（store instruction）は，レジスタからメモリへデータを移動する。

　メモリと入出力機器の間のデータ移動は，特殊な命令を設ける場合もあるが，入出力機器

にメモリ番地を割り振って，ここにロード／ストアをすることで，目的とする操作を行う方式をとることも多い。ここでは後者を想定する。

以上より，この本ではデータ移動の命令として，メモリ－レジスタ間のデータ移動だけを考えればよいことになった。

表6.3 に典型的なメモリ操作命令の一覧を示す。表で lw, sw などは，アセンブリ言語で表現した操作コードである。

表6.3　メモリ操作命令

移動量	メモリ⇒レジスタ		レジスタ⇒メモリ	
64 ビット	ld	load double word	sd	store double word
32 ビット	lw	load word	sw	store word
16 ビット	lh	load half word	sh	store half word
8 ビット	lb	load byte	sb	store byte

つぎに命令動作を見てみよう（**図6.5**参照）。

lw などの命令は，I 型に分類される。メモリアドレスは，レジスタ rs の中身と dpl を加算して作られ，lw はこのアドレスのメモリ語の内容をレジスタ rt にコピーする（図（a）参照）。sw の場合は，このアドレスのメモリ語にレジスタ rt の内容をコピーする（図（b）参照）。ld, lh, lb, sd, sh, sb では，この動作の単位となるデータの大きさが，それぞれ

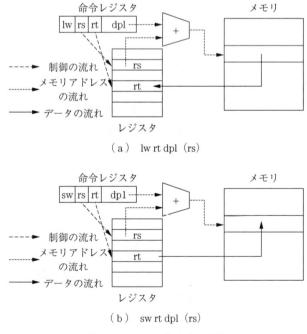

（a）　lw rt dpl（rs）

（b）　sw rt dpl（rs）

図6.5　メモリ操作命令の動作

表6.3に示したようになる。

6.2.3 分 岐 命 令

分岐命令は，コンピュータの命令実行の順序を変更する命令である。無条件分岐命令と条件分岐命令に大別される。

表6.4に代表的な無条件分岐命令を記す。表でpcはプログラムカウンタ（5.3節参照）である。

表6.4　無条件分岐命令

命令	意　味	形式	アセンブリ言語の表現	動　　作
j	jump	A	j addr	pc ← addr
jr	jump register	R	jr rs	pc ← (rs)
jal	jump and link	A	jal addr	r 31 ← (pc) + 4 ; pc ← addr

jは，ある命令番地へのジャンプを行う。番地は，命令に埋め込まれた定数で与えられる。jrではジャンプ先の命令番地がレジスタの内容（(rs)で示す）となる。jalは，ジャンプの前に特定レジスタ（ここでは31番レジスタ）に現在のプログラムカウンタのつぎの番地を入れておくもので，サブルーチン呼出しに使われる（6.4節参照）。+4しているのは，メモリ番地がバイトアドレシング（6.3節参照）で，1命令が32ビット（4バイト）の大きさをもつことによる。

図6.6に無条件分岐命令の動作を示す。

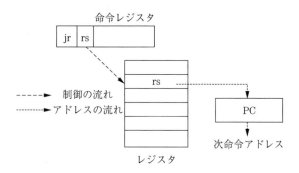

図6.6　無条件分岐命令の動作

つぎに条件分岐命令について述べよう。**表6.5**に代表的な条件分岐命令を示す。条件分岐命令は，レジスタの値や直前の演算結果によって，つぎにどの命令を実行するかを決める命令である。表に示すとおり，ここでは二つのレジスタの値の大小関係によって分岐する命令を考えた。例えば，beqは二つのレジスタの値が等しいときに指定された命令番地にジャンプする（**図6.7**参照）。

表6.5　代表的な条件分岐命令

命令	意　　味	形式	アセンブリ言語の表現	動　　作
beq	branch on equal	I	beq rs, rt, dpl	rs＝rt　ならば pc＝(pc)＋4＋dpl
bne	branch on not equal	I	bne rs, rt, dpl	rs＜＞rt ならば pc＝(pc)＋4＋dpl
blt	branch on less than	I	blt rs, rt, dpl	rs＜rt　ならば pc＝(pc)＋4＋dpl
ble	br. on less than or eq.	I	ble rs, rt, dpl	rs＜＝rt ならば pc＝(pc)＋4＋dpl

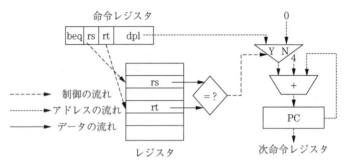

図6.7　条件分岐命令の動作

　表には，blt，ble はあるが，bgt（branch on greater than）や bge（branch on greater than or equal）はない。これらは，それぞれ ble, blt で実現できる（rs と rt を入れ替えればよい）ので不要だからである。

6.3　アドレシング

　アドレシング（addressing）とは，データや命令の居場所を特定することである。典型的には，命令からメモリの番地を生成することである。本節では，アレシングの種類と機能についてまとめ，さらにバイトアドレシングと定数の生成について学ぶ。

6.3.1　アドレシングの種類

　この本では，アドレシングとして，**表6.6**の4種類を考える。もっと複雑なアドレシングも数多く考えられるが，いまのコンピュータアーキテクチャは，アドレシングを単純にしてサイクルタイムを減らすのが主流であり，われわれはこの考えに従う。

　図6.8に本書で学んだアドレシングについて示す。

　lw，sw などデータ語を読み書きする命令は，すべてベース相対アドレシングでメモリ番地が与えられる。これは，ベースレジスタの内容に dpl フィールドの値を加算したものである。

表6.6 アドレシング

アドレシング方式	命令の例（アセンブリ言語）	生成されるアドレス
即値アドレシング	addi rt, rs, imm	（直接値 imm を生成）
ベース相対アドレシング	lw rt, dpl（rs）	（rs）+ dpl
レジスタアドレシング	j rs	（rs）
PC 相対アドレシング	beq rs, rt, dpl（分岐するとき）	（pc）+ 4 + dpl

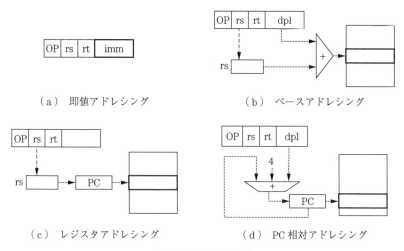

（a）即値アドレシング　　　　　（b）ベースアドレシング

（c）レジスタアドレシング　　　（d）PC 相対アドレシング

図6.8 アドレシング

レジスタアドレシングは，命令アドレス生成だけで用いられる。これは，jr 命令（6.2.3項参照）で用いられる。

PC 相対アドレシングは，pc の内容に dpl フィールドの値を加算したもの（+ 4）を命令アドレスとするものである。ベース相対アドレシングのベースレジスタがプログラムカウンタになり，生成されるものがデータアドレスではなく命令アドレスになったもの，と考えることもできる。

6.3.2　バイトアドレシングとエンディアン

データは 1 語を単位として操作される場合が多いが，バイト単位で操作されることもある。ふつう，メモリのアドレシングの単位はバイトである。すなわち，メモリアドレスは，メモリの中の 1 バイトを特定するものである。したがって，1 ギガバイト（2^{30} バイト）のメモリのアドレシングには，30 ビットのアドレスが必要となる。

データ語の中のバイトの並べ方には，**ビッグエンディアン**（big endian），**リトルエンディアン**（little endian）の 2 種類がある。**図6.9** にこれを示す。

ビッグエンディアンでは，データ語のアドレス $A00$ に**最上位のバイト**（most significant byte，略して MSB）を格納し，$A01$ に上から 2 番目の，$A02$ に上から 3 番目の，$A03$ に**最**

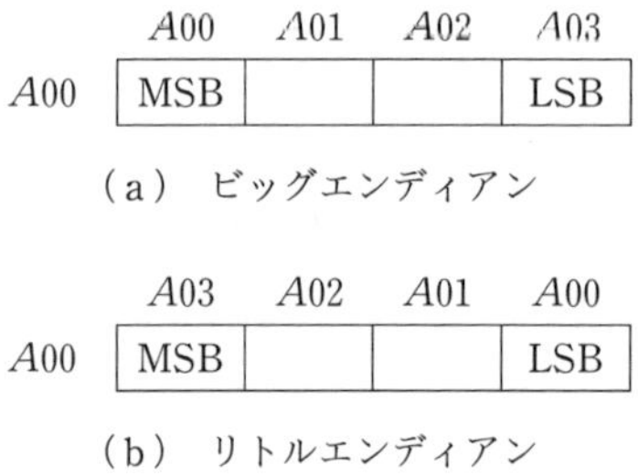

	A00	A01	A02	A03
A00	MSB			LSB

（a） ビッグエンディアン

	A03	A02	A01	A00
A00	MSB			LSB

（b） リトルエンディアン

MSB：most significant byte（最上位バイト），LSB：least significant byte（最下位バイト）

図 6.9 ビッグエンディアンと
リトルエンディアン

下位のバイト（least significant byte，略して LSB）を格納する（図（a）参照）。これとは反対に，リトルエンディアンでは，データ語のアドレス $A00$ に LSB を格納し，$A01$ に下から 2 番目のバイト，$A02$ に下から 3 番目のバイト，$A03$ に MSB を格納する（図（b）参照）。

6.3.3　ゼロレジスタと定数の生成

この本では，多くの場合，レジスタファイルの中のレジスタ数を 32 として考えている。32 本のレジスタのうちで，アーキテクチャ的に特殊な使い方をするものが数個（典型的には 2 個）ある。その一つが**ゼロレジスタ**（zero register）である。

ゼロレジスタの中身は恒常的に 0 であり，命令によって書込みをしても値は変更されずに 0 のままである。ここでは，r0 がゼロレジスタであるとする。

ゼロレジスタは，定数の生成やビットの反転に使われる。

6.4　サブルーチンの実現

サブルーチン（subroutine）は，よく使われるプログラムの部分をまとめて切り出しておくものである。必要に応じて何度でも呼び出せる。サブルーチンによってコードの再利用が可能となり，プログラムのわかりやすさが向上する。ここでは，サブルーチンを実現するための機構とコール，リターンの手順（命令列）について学ぶ。

6.4.1　サブルーチンの基本

サブルーチンは，プログラムの部分を切り出したものであり，プログラムから呼び出して

使う。高級言語には必ずサブルーチンの構文が入っている。C では関数 (function)，FORTRAN ではサブルーチン (subroutine)，Pascal では手続き (procedure) と呼ばれるものがこれである。

図 **6.10** にサブルーチンの基本形を示す。呼出し時には**引き数** (argument) をもってサブルーチンのある場所にジャンプし，戻るときには**返り値** (return value) をもってもとの場所にジャンプする。図では，x, y, z が引き数であり，サブルーチン P は引き数をもとに計算を行う。P の結果は，もとのプログラムの中の変数 w に格納される。

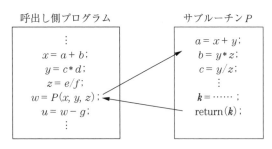

図 6.10 サブルーチンの基本形

6.4.2 サブルーチンの手順

図 **6.11** に，機械語レベルでのサブルーチンの手順を示した。

```
①  レジスタ値の待避
②  戻り番地（つぎの命令番地）の待避
③  サブルーチンの先頭番地へのジャンプ
④  サブルーチン本体の実行
⑤  戻り番地へのジャンプ
⑥  レジスタ値の復帰
⑦  もとの命令列の実行再開
```

図 6.11 サブルーチンの手順

サブルーチン呼出しは，命令の戻り番地の確保をしてからジャンプすることになるが，このとき，呼び出されたサブルーチンの側で自由にレジスタを使うために，呼出し側で使っていたレジスタの値をいったんデータメモリに待避する必要がある。これには，（ⅰ）呼出し側でレジスタ値を待避する方式（**コーラセーブ方式**，caller save method），（ⅱ）呼び出された側がレジスタ値を待避する方式（**コーリセーブ方式**，callee save method），の 2 種類が考えられる。図 6.11 はコーラセーブ方式だけを用いているが，データの種類によってはコーリセーブ方式のほうが適しているものもあるので，実際には両者を使い分けることになる。

サブルーチンからの復帰は，戻り番地へのジャンプを行い，呼出し側でレジスタ値を復帰

することで実現される。

6.4.3 スタックによるサブルーチンの実現

6.4.2項の手順で，最大の問題は，「レジスタ値はどこに待避するのか。どうやってこれを復帰させるのか」ということである。

待避領域は，データメモリの中に確保されている。この領域の使い方は，ふつう，**スタック**（stack）と呼ばれるデータ構造を用いる（**図6.12**参照）。

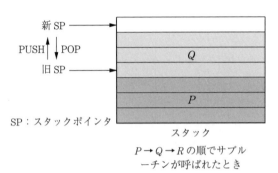

図6.12 スタックとサブルーチン

スタックは通常のメモリと同じ1次元の記憶であるが，データの読み書きを，「一番最近書き入れたものから読み出す」方式（last in first out，略して**LIFO**）で行う点に特徴がある。

サブルーチンを呼び出すときは，待避するデータをスタックに順次書き込んで積み上げていく。この操作を，**プッシュ**（push）と呼ぶ。逆にサブルーチンから復帰するときは，待避したデータをスタックから順番に読み出していく。この操作を**ポップ**（pop）と呼ぶ。

プッシュ，ポップのためには，スタックの一番上を指すレジスタが必要である。このレジスタを**スタックポインタ**（stack pointer，略して sp）と呼ぶ。

本書では，スタックポインタを汎用レジスタの一つとして実装することを考える。すなわち，プログラムを書くときの約束事として，一つのレジスタをスタックポインタ専用に使うことにする。このとき，スタックへのプッシュ，ポップは，**図6.13**のようなプログラムとなる。

（a）プッシュ   （b）ポップ

図6.13 スタック操作のプログラム

6.4.4　サブルーチンのプログラム

サブルーチンを実現するアセンブリ言語のプログラムを**図 6.14** に示す。

図 6.14 は図 6.11 を具体化したものである。jal, jr の二つの命令がそれぞれサブルーチン呼出しとサブルーチンからの復帰を実現している。すなわち，jal は戻り番地を r31 に入れて，address へジャンプする。jr r31 は戻り番地を PC に戻すことで，もとのプログラムの実行を再開する。jal は図 6.11 の ②，③ を，jr は同じく ⑤ を実現している。

```
sw r1 0 (sp)        ;レジスタ値の待避（必要なだけ）初め
sw r2 4 (sp)
.......
sw rk 4k (sp)       ;レジスタ値の待避終わり
add sp 4k + 4
jal address
sub sp 4k + 4
lw r1 0 (sp)        ;レジスタ値の復帰初め
lw r2 4 (sp)
.......
lw rk 4k (sp)       ;レジスタ値の復帰終わり
もとの仕事の続き
.............

address:  .....   ;サブルーチン本体
          .....
          .....
          jr r31
```

図 6.14　サブルーチンのアセンブラプログラム

6.5　命令セットアーキテクチャの設計とアセンブラ

本節では，命令セットを具体的に設計し，アセンブラを製作する。

6.5.1　命令セットの設計

ここまでに学習したコンピュータの命令セットアーキテクチャをもとに，**表 6.7** に具体的な命令セットの設計を示す。命令形式は，**図 6.15** で与えられるとし，各命令の意味・動作・用法は，6.2 ～ 6.4 節で与えられるとする。

6.5.2　アセンブラの製作

6.5.1 項で設計した命令セットについて，アセンブラを設計する。アセンブラは，アセンブリ言語のプログラムを機械語プログラム（0，1 の列）に翻訳するプログラムである。

表6.7 命令セットの設計

ニューモニック	命令形式	OP	AUX等	動　　作	補　　注
add	R	0	0	rd〈−rs＋rt	
addi	I	1	imm	rt〈−rs＋imm	
sub	R	0	2	rd〈−rs−rt	
lui	I	3	imm	rt〈−imm≪16	上位16ビットをセット
and	R	0	8	rd〈−rs AND rt	ビットごとのAND
andi	I	4	imm	rt〈−rs AND imm	即値とのAND
or	R	0	9	rd〈−rs OR rt	
ori	I	5	imm	rt〈−rs OR imm	
xor	R	0	10	rd〈−rs XOR rt	
xori	I	6	imm	rt〈−rs XOR imm	
nor	R	0	11	rd〈−rs NOR rt	
sll	R	0	16	rd〈−rs llshift aux[10,6]	論理左シフト
srl	R	0	17	rd〈−rs lrshift aux[10,6]	論理右シフト
sra	R	0	18	rd〈−rs arshift aux[10,6]	算術右シフト
lw	I	16	dpl	rt〈−mem(rs＋dpl)	一語読出し
lh	I	18	dpl	rt〈−mem(rs＋dpl)	半語読出し，符号拡張
lb	I	20	dpl	rt〈−mem(rs＋dpl)	バイト読出し，符号拡張
sw	I	24	dpl	mem(rs＋dpl)〈−rt	一語書込み
sh	I	26	dpl	mem(rs＋dpl)〈−rt	半語書込み，符号拡張
sb	I	28	dpl	mem(rs＋dpl)〈−rt	バイト書込み，符号拡張
beq	I	32	dpl	if rs==rt then PC＝PC＋dpl	等しければジャンプ
bne	I	33	dpl	if rs!=rt then PC＝PC＋dpl	等しくなければジャンプ
blt	I	34	dpl	if rs〈rt then PC＝PC＋dpl	未満であればジャンプ
ble	I	35	dpl	if rs〈= rt then PC＝PC＋dpl	以下であればジャンプ
j	A	40	addr	PC〈− addr	絶対番地のジャンプ
jal	A	41	addr	R31〈− PC＋4; PC〈− addr	ジャンプアンドリンク
jr	R	42		PC〈−rs	レジスタ間接ジャンプ

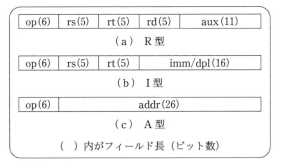

図6.15 命令形式

　アセンブラは，文字列を別の文字列で置き換えるプログラムである。アセンブリ命令と機械語命令には1対1の対応があり，レジスタ名やメモリ番地などもそのまま翻訳してやればよく，複雑な構文解析などは必要ない。

　ここでは，Perl言語を用いてアセンブラを作成する。Perlはインタプリタ言語であるため，テストのたびにコンパイルする必要がなく，フリーソフトウェアであるために，いつでもWWWから経済的負担なく入手できる利点がある。

　図6.16にアセンブラのソースプログラムを記す。

```
open (FH, "@ARGV [0]");
$i = 0;
# ラベル，カンマ，空白，タブの処理
while ($line = <FH>){
    $line = ~s/,//g;
    $line = ~s/¥t//g;
    $line = ~s/¥:/:/g;
    $line = ~s/^+//g;
    chomp ($line);
    @instruction = split (/+/, $line);
    if (@instruction [1] eq":"){
        $labels{@instruction [0]} = $i;
    }
$i ++;
}
close (FH);

open (FH, "@ARGV [0]");
$i = 0;
while ($line = <FH>){
    #print ("$i:");
    $line = ~s/,//g;
    $line = ~s/¥t +//g;
    $line = ~s/¥:/:/g;
    $line = ~s/^+//g;
    #print ($line);
    chomp ($line);
    @instruction = split (/+/, $line);
    if (@instruction [1] eq":"){    # ラベルのある行をフィールドに分割する
        $op = @instruction [2];
        $f2 = @instruction [3];
        $f3 = @instruction [4];
        $f4 = @instruction [5];
        $f5 = @instruction [6];
    }
    else{                           # ラベルのない行をフィールドに分割する
        $op = @instruction [0];
        $f2 = @instruction [1];
        $f3 = @instruction [2];
        $f4 = @instruction [3];
```

図6.16　アセンブラのソースプログラム

```
        $f5 = @instruction [4];
    }
# 機械語の出力
if ($op eq "add"){p_b (6, 0); p_r3 ($f2, $f3, $f4); p_b (11, 0); print ("¥n");}
elsif ($op eq "addi"){p_b (6, 1); p_r2i ($f2, $f3); p_b (16, $f4); print ("¥n");}
elsif ($op eq "sub"){p_b (6, 0); p_r3 ($f2, $f3, $f4); p_b (11, 2); print ("¥n");}
elsif ($op eq "lui"){p_b (6, 3); p_r2l ($f2, "r0"); p_b (16, $f3); print ("¥n");}
elsif ($op eq "and"){p_b (6, 0); p_r3 ($f2, $f3, $f4,); p_b (11, 8); print ("¥n");}
elsif ($op eq "andi"){p_b (6, 4); p_r2i ($f2, $f3); p_b (16, $f4); print ("¥n");}
elsif ($op eq "or"){p_b (6, 0); p_r3 ($f2, $f3, $f4); p_b (11, 9); print ("¥n");}
elsif ($op eq "ori"){p_b (6, 5); p_r2i ($f2, $f3); p_b (16, $f4); print ("¥n");}
elsif ($op eq "xor"){p_b (6, 0); p_r3 ($f2, $f3, $f4); p_b (11, 10); print ("¥n");}
elsif ($op eq "xori"){p_b (6, 6); p_r2i ($f2, $f3); p_b (16, $f4); print ("¥n");}
elsif ($op eq "nor"){p_b (6, 0); p_r3 ($f2, $f3, $f4); p_b (11, 11); print ("¥n");}
elsif ($op eq "sll"){p_b (6, 0); p_r3 ($f2, $f3, "r0"); p_b (5, $f4); p_b (6, 16); print ("¥n");}
elsif ($op eq "srl"){p_b (6, 0); p_r3 ($f2, $f3, "r0"); p_b (5, $f4); p_b (6, 17); print ("¥n");}
elsif ($op eq "sra"){p_b (6, 0); p_r3 ($f2, $f3, "r0"); p_b (5, $f4); p_b (6, 18); print ("¥n");}
elsif ($op eq "lw"){p_b (6, 16); p_r2i ($f2, base ($f3)); p_b (16, dpl ($f3)); print ("¥n");}
elsif ($op eq "lh"){p_b (6, 18); p_r2i ($f2, base ($f3)); p_b (16, dpl ($f3)); print ("¥n");}
elsif ($op eq "lb"){p_b (6, 20); p_r2i ($f2, base ($f3)); p_b (16, dpl ($f3)); print ("¥n");}
elsif ($op eq "sw"){p_b (6, 24); p_r2i ($f2, base ($f3)); p_b (16, dpl ($f3)); print ("¥n");}
elsif ($op eq "sh"){p_b (6, 26); p_r2i ($f2, base ($f3)); p_b (16, dpl ($f3)); print ("¥n");}
elsif ($op eq "sb"){p_b (6, 28); p_r2i ($f2, base ($f3)); p_b (16, dpl ($f3)); print ("¥n");}
elsif ($op eq "beq"){p_b (6, 32); p_r2b ($f2, $f3); p_b (16, $labels {$f4}-$i-1); print ("¥n");}
elsif ($op eq "bne"){p_b (6, 33); p_r2b ($f2, $f3); p_b (16, $labels {$f4}-$i-1); print ("¥n");}
elsif ($op eq "blt"){p_b (6, 34); p_r2b ($f2, $f3); p_b (16, $labels {$f4}-$i-1); print ("¥n");}
elsif ($op eq "ble"){p_b (6, 35); p_r2b ($f2, $f3); p_b (16, $labels {$f4}-$i-1); print ("¥n");}
elsif ($op eq "j"){p_b (6, 40); p_b (26, $labels {$f2}); print ("¥n");}
elsif ($op eq "jal"){p_b (6, 41); p_b (26, $labels {$f2}); print ("¥n");}
elsif ($op eq "jr"){p_b (6, 42); p_r3 ("r0", "$f2","r0"); p_b (11, 0); print ("¥n");}
else {print ("ERROR:Illegal Instruction¥n");}
$i++;
}
close (FH);

sub p_b{                               # $num を 2 進数 $digits に変換して出力
    ($digits, $num) = @_;
    if ($num>= 0){
        printf ("%0".$digits."b_", $num);
    }else{
        print (substr (sprintf ("%b", $num), 32-$digits));
    }
}

sub p_r3{                              # R型のレジスタ番地を出力
    ($rd, $rs, $rt) = @_;
    $rs = ~s/r//; p_b (5, $rs);
    $rt = ~s/r//; p_b (5, $rt);
    $rd = ~s/r//; p_b (5, $rd);
}

sub p_r2i{                             # I型のレジスタ番地を出力
```

図 6.16 （つづき）

```
    ($rt, $rs) = @_;
    $rs = ~s/r//; p_b (5, $rs);
    $rt = ~s/r//; p_b (5, $rt);
}

sub p_r2b{                          # 条件分岐で比較するレジスタ番地を出力
    ($rs, $rt) = @_;
    $rs = ~s/r//; p_b (5, $rs);
    $rt = ~s/r//; p_b (5, $rt);
}

sub base{                           # ベースアドレスレジスタの番地を返す
    ($addr) = @_;
    $addr = ~s/.*¥(//;
    $addr = ~s/¥)//;
    return ($addr);
}

sub dpl{                            # 変位を返す
    ($addr) = @_;
    $addr = ~s/¥(.*¥)//;
    return ($addr);
}
```

図 6.16　（つづき）

　このアセンブラは，最初にラベル・空白・タブの処理をした後で，アセンブリ言語のシンボルを機械語に変換している。アセンブリ言語と機械語でレジスタの順番が異なっている点，各フィールドの切れ目に _（アンダースコア）を入れている点[†]などに注意が必要である。

《**本章のまとめ**》

❶　**命令セット**　　コンピュータのすべての命令の集まり

❷　**命令の表現形式**　　命令の2進数表現の形式。フィールドで区切られる。R 型，I 型，A 型に分類される。

❸　**アセンブリ言語**　　機械語を記号で置き換える言語

❹　**算術論理演算命令**　　四則演算やシフトなど。レジスタとレジスタまたはレジスタと即値の間で演算がなされ，結果はレジスタに格納される。

❺　**メモリ操作命令**　　レジスタとメモリの間のデータのコピーを行う。

❻　**分岐命令**　　制御の流れを変更する。無条件分岐命令と条件分岐命令に分類される。

❼　**アドレシング**　　メモリアドレスの生成方式。即値アドレシング，ベース相対アドレシング，レジスタアドレシング，PC 相対アドレシングがある。

❽　**サブルーチン**　　部分プログラムを再利用可能な形にしたもの。PC を含むレジスタの待避が必要。スタックを用いる。

❾　**アセンブラ**　　アセンブリ言語で書かれたプログラムを機械語（0, 1 の列）のプログラムに変換するプログラム

---

†　アンダースコアは，機械語プログラムを命令メモリにロードするときに除去することを想定している。

◆◆◆◆ 演 習 問 題 ◆◆◆◆

問 6.1 Perl システムを適切な WWW サイトからダウンロードしてインストールせよ。 Windows 系のコンピュータであれば，https://www.activestate.com/products/perl/（2020 年 2 月現在）などがダウンロードサイトとなる。

問 6.2 6.5.2 項のアセンブラを実装せよ。その際，Perl の基本的な文法を理解せよ。

問 6.3 問 6.2 で作ったアセンブラで，図 6.17 のプログラムを機械語に翻訳せよ。

```
                addi r1, r0, 1
                addi r2, r0, 2
                addi r3, r0, 3
                addi r4, r0, 4
                addi r5, r0, 5
                addi r6, r0, 6
                addi r9, r0, 9
                addi r12, r0, 12
                addi r14, r0, 14
                addi r15, r0, 15
                addi r19, r0, 19
label5:         addi r30, r0, 30
label1:         addi r7, r4, r6
                lui r8, 12
                and r10, r8, r9
                andi r11, r10, r15
                or r13, r11, r12
                xor r16, r14, r15
                xori r17 r16, 31
                ori r18 r15, 7
                nor r20, r18, r19
                beq r7, r8, label1
                sll r21, r20, 5
                sra r22, r21, 3
                srl r23, r22, 2
                bne r9, r10 label2
label2:         sw r2, 0 (r1)
                sb r6, -10 (r5)
                sh r4, 8 (r3)
label4:         lw r25, 0 (r1)
                1h r27, -10 (r5)
                1b r29, 8 (r3)
                blt r11, r12, label3
                ble r13, r14, label4
                j label5
                jal label5
label3:         jr r 31
```

図 6.17 アセンブリ言語によるプログラム

7 基本プロセッサの設計

本章では，いよいよプロセッサの設計を行う。最初に設計の流れを概観する。つぎに各構成要素の設計を行う。さらに，プロセッサの全体を設計する。

■ 7.1 設計の流れ

ハードウェア記述言語による設計は，プログラム言語によるソフトウェアの設計と同じように，全体を適切にモジュール分割し，モジュール間のインタフェースを決めて，それぞれのモジュールを設計・テストし，全体を統合し，最終テストをするという手順を踏むことでなされる。ここでは，基本プロセッサの具体的なモジュール構成について学ぶ。

7.1.1 モジュールへの分割

モジュールは，一般に機能的なまとまりがあって，複雑さ・規模の点でも設計者がわかりやすいものに設定される。その際，モジュールはさらに他のモジュールを呼び出すことができるので，抽象度の高い上位モジュールと，具体的な動作が記述された下位モジュールを設計する，という階層設計が大切となる。

基本プロセッサの構成を思い出そう。基本プロセッサは，**図 7.1** のようなものであった。

図をモジュール分割する際に，まず「機能的なまとまり」について考えてみよう。

コンピュータの動作は，5 章で述べたように，① 命令フェッチ，② 命令デコード，③ 演算実行，④ 結果の格納，という順番で行われるので，それぞれを「機能的なまとまり」と考え，モジュールとして設定するのが良いように思われる。一方で，「メモリ」，「レジスタファイル」，「ALU」，「命令デコーダ」，「シーケンサ」といった，ハードウェアの実体が見えやすいものを「機能的なまとまり」と考えるのが手っ取り早いやりかただろう。

このように，「動作」を単位として考えるか，「物」を単位として考えるかの選択肢となるが，ここでは基本方針を**図 7.2** のようにする。

この間には，必要な階層分だけ中間層のモジュールを設計することになる。「必要な階層」の数は，アーキテクチャの複雑さによって決まってくる。

この方法の利点は，それぞれの動作に含まれる機能や回路が変更されたときに，下位モ

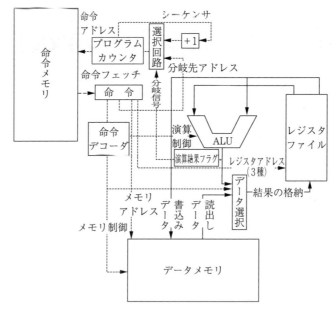

図 7.1 コンピュータの内部構成

（1）　上位モジュールは「動作」を基本とし，①命令フェッチ，②命令デコード，③演算実行，④結果の格納をそれぞれモジュールとして設計する。
（2）　下位モジュールは「ハードウェアの実体」に近いものとする。

図 7.2 設計の基本方針

ジュールの変更だけで済む点であろう。この本では扱わないが，パイプライン化や並列化にも適している。一方で，階層化を進めすぎるとハードウェアの実体がイメージしにくくなることがある。また，複数の「動作」で必要となるもの（レジスタファイルなど）については，別途モジュールとして設計してやる必要がある。

この方針で図 7.1 を書き直すと**図 7.3** のようになる。全体設計のイメージ図として，これを意識しておこう。なお，本項以後は，データメモリはバイトアドレシングとするが，命令メモリはワードアドレシングとする。図 7.1，図 7.3 で，PC（プログラムカウンタ）を +4 するのではなく +1 しているのはこのためであり，この点が 6 章の記述と異なっている。

図 7.3 に従った Verilog HDL の最上位のモジュールの構成は，**図 7.4** のようになる。これが設計の始まりである。

ここで，レジスタファイルは，decode と writeback の二つのモジュールで用いられるので，どちらかのモジュールに埋め込むことができない。そのため，独立したモジュールとして設計している。

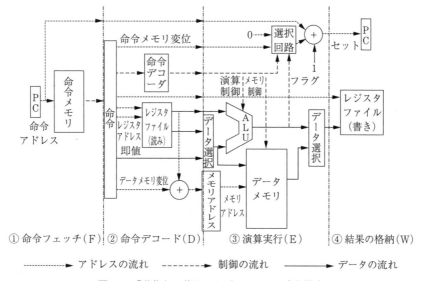

図7.3 「動作」に着目したプロセッサの内部構成

```
module computer ();           // コンピュータ全体
endmodule

module fetch ();              // 命令フェッチ
endmodule

module decode ();             // 命令デコード
endmodule

module execute ();            // 実行
endmodule

module writeback ();          // 結果格納
endmodule

module register_file ();      // レジスタファイル
endmodule
```

図7.4 最上位のモジュールの構成

7.1.2 入出力信号の設定

モジュール分割をしたときに，各モジュールの入出力信号を定めて，これを宣言すること
が必要となる。各モジュールの入出力信号は，図7.3でフェッチ→デコードなど各モジュー
ルをまたぐ信号線と，クロック，リセット（初期化）の線となる（**図7.5**参照）。

```
module computer (clk, rstd);
input clk, rst;
endmodule

module fetch (pc, ins);
    input [31:0] pc;
    output [31:0] ins;
endmodule

module decode (ins, reg1, reg2);
    input [31:0] ins;
    output [31:0] reg1, reg2;
endmodule

module execute (clk, ins, pc, reg1, reg2, wra, result, nextpc);
    input [31:0] ins, pc, reg1, reg2;
    output [31:0] flag, result; nextpc;
    output [4:0] wra;
endmodule

module writeback (clk, rstd, ins, nextpc, result, wra, pc);
    input clk, rstd;
    input [31:0] ins, nextpc, flag, result;
    input [4:0] wra;
    output [31:0] pc;
endmodule

module register_file (clk, rstd, wr,ra1, ra2, wren, rr1, rr2);
    input clk, rstd;
    input [31:0] wr
    input [4:0] ra1, ra2, wa;
    output [31:0] rr1, rr2;
endmodule
```

図7.5　入出力信号の宣言

7.1.3　設計の試行錯誤

　モジュール分割，入出力信号線の設定などは，最初から完全なものを目指すと設計が進まなくなる。それぞれの設計レベルで適当と思われるものを仮に定めて，周囲のモジュールを設計する中で修正していくのが良い。このように試行錯誤を繰り返すことで定めていく。

　本書でも，次節以下の試行錯誤によって，図7.5に修正が入る。設計の流れの一部として理解されたい。

7.2 構成要素の設計

本節では，図7.5に示された各モジュールおよび付随するモジュールの設計を行う。

7.2.1 命令フェッチ部

命令フェッチ部は，PCで指定される命令メモリの番地から命令を取り出し，デコード部に送る。**図7.6**にVerilog DHLによる命令フェッチ部の設計を示す。これは特に解説の必要はないだろう。

```
module fetch (pc, ins);
    input [31:0] pc;
    output [31:0] ins;
    reg [31:0] ins_mem [0:255];


        assign ins = ins_mem [pc];

endmodule
```

図7.6 命令フェッチ部の設計

7.2.2 デコード部

デコード部では，命令を解読し，オペランドデータとともにこれを実行部に送る。オペランドデータは，レジスタファイルから読み出されるものと，即値として命令内に含まれているものがある。

基本プロセッサの設計では，レジスタファイルの動作や命令の中のフィールドの切り出しは別のモジュールで行っているため，デコード部はモジュールとしては何もしていないことになる。したがって，本設計では，デコード部は図7.5からはずされることになる。

7.2.3 実行部

今回の設計で実装する命令セットを**表7.1**のように定める。これは，表6.7と同じものである。基本プロセッサの実行部では，これらの命令を実行する。

さらに，命令のフィールド構成を，**図7.7**に再掲しておく。

表7.1　基本プロセッサの命令セット

ニューモニック	命令形式	OP	AUX等	動　　作	補　　　注
add	R	0	0	rd←rs+rt	
addi	I	1	imm	rt←rs+imm	
sub	R	0	2	rd←rs−rt	
lui	I	3	imm	rt←imm<<16	上位16ビットをセット
and	R	0	8	rd←rs AND rt	ビットごとのAND
andi	I	4	imm	rt←rs AND imm	即値とのAND
or	R	0	9	rd←rs OR rt	
ori	I	5	imm	rt←rs OR imm	
xor	R	0	10	rd←rs XOR rt	
xori	I	6	imm	rt←rs XOR imm	
nor	R	0	11	rd←rs NOR rt	
sll	R	0	16	rd←rs llshift aux[10,6]	論理左シフト
srl	R	0	17	rd←rs llshift aux[10,6]	論理右シフト
sra	R	0	18	rd←rs arshift aux[10,6]	算術右シフト
lw	I	16	dpl	rt←mem(rs+dpl)	一語読出し
lh	I	18	dpl	rt←mem(rs+dpl)	半語読出し，符号拡張
lb	I	20	dpl	rt←mem(rs+dpl)	バイト読出し，符号拡張
sw	I	24	dpl	mem(rs+dpl)←rt	一語書込み
sh	I	26	dpl	mem(rs+dpl)←rt	半語書込み，符号拡張
sb	I	28	dpl	mem(rs+dpl)←rt	バイト書込み，符号拡張
beq	I	32	dpl	if rs==rt then PC=PC+dpl	等しければジャンプ
bne	I	33	dpl	if rs!=rt then PC=PC+dpl	等しくなければジャンプ
blt	I	34	dpl	if rs<rt then PC=PC+dpl	未満であればジャンプ
ble	I	35	dpl	if rs<=rt then PC=PC+dpl	以下であればジャンプ
j	A	40	addr	PC←addr	絶対番地のジャンプ
jal	A	41	addr	R31←PC+4; PC←addr	ジャンプアンドリンク
jr	R	42		PC←rs	レジスタ間接ジャンプ

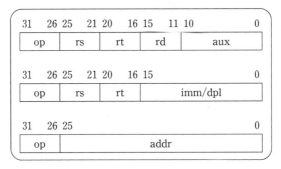

図7.7　命　令　形　式

図 7.8 に実行部の記述を示す。実行部の動作は表 7.1，図 7.7 から導き出される。レジスタに書き込まない命令を「R0 に書き込む」ことにしている点などに注意すること。

```
module execute (clk, ins, pc, reg1, reg2, wra, result, nextpc);
    input clk;
    input [31:0] ins, pc, reg1, reg2;
    output [4:0] wra;
    output [31:0] result, nextpc;
    wire [5:0] op;
    wire [4:0] shift, operation;
    wire [25:0] addr;
    wire [31:0] dpl_imm, operand2_alu_result, nonbranch, branch, mem_address,
                dm_r_data;
    wire [3:0] wren;

function [4:0] opr_gen;
input [5:0] op;
input [4:0] operation;
    case (op)
        6'd0:opr_gen = operation;
        6'd1:opr_gen = 5'd0;
        6'd4:opr_gen = 5'd8;
        6'd5:opr_gen = 5'd9;
        6'd6:opr_gen = 5'd10;
    default:opr_gen = 5'hlf;
endcase
endfunction

function [31:0] alu;
    input [4:0] opr, shift;
    input [31:0] operand1, operand2;
        case (opr)
            5'd0:alu = operand1 + operand2;
            5'd1:alu = operand1 - operand2;
            5'd8:alu = operand1 & operand2;
            5'd9:alu = operand1 | operand2;
            5'd10:alu = operand1 ^ operand2;
            5'd11:alu = ~(operand1 & operand2);
            5'd16:alu = operand1 << shift;
            5'd17:alu = operand1 >> shift;
            5'd18:alu = operand1 >>> shift;
            default:alu = 32'hffffffff;
        endcase
endfunction

function [31:0] calc;
    input [5:0] op;
    input [31:0] alu_result, dpl_imm, dm_r_data, pc;
        case (op)
            6'd0, 6'd1, 6'd4, 6'd5, 6'd6:calc = alu_result;
            6'd3:calc = dpl_imm << 16;
```

図 7.8　実行部の記述

```
            6'd16:calc = dm_r_data;
            6'd18:calc = {{16{dm_r_data [15]}}, dm_r_data [15:0]};
            6'd20:calc = {{24{dm_r_data [7]}}, dm_r_data [7:0]};
            6'd41:calc = pc + 32'd1;
            default:calc = 32'hffffffff;
        endcase
endfunction

function [31:0] npc;
    input [5:0] op;
    input [31:0] reg1, reg2, branch, nonbranch, addr;
        case (op)
            6'd32:npc = (reg1 == reg2)? branch:nonbranch;
            6'd33:npc = (reg1! == reg2)? branch:nonbranch;
            6'd34:npc = (reg1 < reg2)? branch:nonbranch;
            6'd35:npc = (reg1 <= reg2)? branch:nonbranch;
            6'd40:6'd41:npc = addr;
            6'd42:npc = reg1;
            default:npc = nonbranch;
        endcase
endfunction

function [4:0] wreg;
    input [5:0] op;
    input [4:0] rt, rd;
        case (op)
            6'd0:wreg = rd;
            6'd1, 6'd3, 6'd4, 6'd5, 6'd6, 6'd16, 6'd18, 6'd20:wreg = rt;
            6'd41:wreg = 5'd31;
            default:wreg = 5'd0;
        endcase
endfunction

function [3:0] wrengen;
    input [5:0] op;
    case (op)
        6'd24:wrengen = 4'b0000;
        6'd26:wrengen = 4'b1100;
        6'd28:wrengen = 4'b1110;
        default:wrengen = 4'b1111;
    endcase
endfunction

    assign op = ins [31:26];
    assign shift = ins [10:6];
    assign operation = ins [4:0];
    assign dpl_imm = {{16 {ins [15]}}, ins [15:0]};
    assign operand2 = (op == 6'd0)? reg2:dpl_imm;
    assign alu_result =alu (opr_gen (op, operation), shift, reg1, operand2);

    assign mem_address = (reg1 + dpl_imm)>>>2;
    assign wren = wrengen (op);
```

図7.8　（つづき）

```
       data_mem data_mem_body0 (mem_address [7:0], clk, reg2 [7:0], wren [0],
                                dm_r_data [7:0]);
       data_mem data_mem_body1 (mem_address [7:0], clk, reg2 [15:8], wren [1],
                                dm_r_data [15:8]);
       data_mem data_mem_body2 (mem_address [7:0], clk, reg2 [23:16], wren [2],
                                dm_r_data [23:16]);
       data_mem data_mem_body3 (mem_address [7:0], clk, reg2 [31:24], wren [3],
                                dm_r_data [31:24]);

       assign wra = wreg (op, ins [20:16], ins [15:11]);
       assign result = calc (op, alu_result, dpl_imm, dm_r_data, pc);

       assign addr = ins [25:0];
       assign nonbranch = pc + 32'd1;
       assign branch = nonbranch + dpl_imm;
       assign nextpc = npc (op, reg1, reg2, branch, nonbranch, addr);
endmodule // end of execute
```

図7.8 （つづき）

ここで，データの読み書きは，8ビット幅のデータメモリ data_mem を四つ並列に用意して使っている。これは，バイトアドレシングを行うためである。data_mem の定義を，**図7.9** に示す。

```
module data_mem (address, clk, write_data, wren, read_data);
    input [7:0] address;
    input clk, wren;
    input [7:0] write_data;
    output [7:0] read_data;
    reg [7:0] d_mem [0:255];

    always @(posedge clk)
        if (wren == 0) d_mem [address]<= write_data;
    assign read_data = d_mem [address];
endmodule
```

図7.9 データメモリの記述

7.2.4 書 戻 し 部

書戻し部では，結果データをレジスタに書き込み，PC を更新する。レジスタファイルは別モジュールで定義したので，ここでは PC の更新だけを行う。**図7.10** にこの回路を示す。

```
module writeback (clk, rstd, nextpc, pc);
    input clk, rstd;
    input [31:0] nextpc;
    output [31:0] pc;
    reg [31:0] pc;
    always @(negedge rstd or posedge clk)
        begin
            if (rstd == 0) pc <= 32'h00000000;
            else if (clk == 1)pc <=nextpc;
        end
endmodule
```

図7.10　書戻し部の記述

7.2.5　レジスタファイル

　レジスタファイルは，読出し2ポート，書込み1ポートのメモリである。図7.11に
Verilog HDL による記述を示す。R0がゼロレジスタである点に注意すること。R0は初期化
で0をセットし，R0への書込みは，「何もしない」ことになる。

```
module reg_file (clk, rstd, wr, ra1, ra2, wa wren, rr1, rr2);
    input clk, rstd, wren;
    input [31:0] wr;
    input [4:0] ra1, ra2, wa;
    output [31:0] rr1, rr2;
    reg [31:0] rf [0:31];

    assign rr1 = rf [ra1];
    assign rr2 = rf [ra2];
    always @(negedge rstd or posedge clk)
        if (rstd == 0) rf [0] <=32'h00000000;
        else if (wren == 0) rf [wa] <=wr;
endmodule
```

図7.11　レジスタファイルの記述

7.3　基本プロセッサ

　本節では，コンピュータ全体の設計を行って，7.2節で設計した要素をまとめるととも
に，全体を論理合成して，設計が実際の回路として合成されることを示す。これが所期の動
作を行うかどうかは次章で検証する。

7.3.1　Verilog HDL による全体設計

図 7.12 に，トップモジュールである computer（clk, rstd）の設計を示す。これと，図
7.6，図 7.8〜図 7.12 を組み合わせて，基本プロセッサの設計ができあがったことになる。
これらをまとめて，付録 C. に記述しておく。

```
module computer (clk, rstd);
    input clk, rstd;
    wire [31:0] pc, ins, reg1, reg2, result, nextpc;
    wire [4:0] wra;
    wire [3:0] wren;
        fetch fetch_body (pc [7:0], ins);
        execute execute_body (clk, ins, pc, reg1, reg2, wra, result, nextpc);
        writeback writeback_body (clk, rstd, nextpc, pc);
        reg_file rf_body (clk, rstd, result, ins [25:21], ins [20:16], wra,
                          (~|wra), reg1, reg2);
endmodule
```

図 7.12　トップモジュールの設計

7.3.2　論 理 合 成

2 章と 3.6 節で導入・説明した Quartus を用いて，基本プロセッサを設計する。ここで
は，Verilog HDL による記述を，論理合成するところまでを行う。

図 7.13 に，基本プロセッサの論理合成に成功した画面を記す。

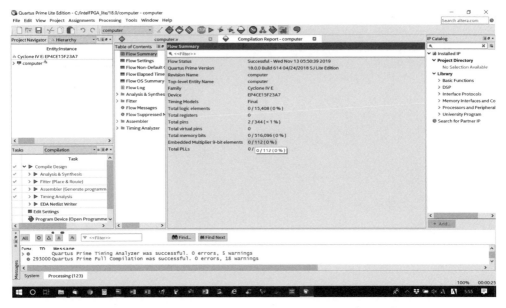

図 7.13　基本プロセッサの論理合成に成功した画面（Quartus）

─── 《本章のまとめ》 ───

❶ **設計の基本方針**　　上位モジュールは「動作」を基本とし，下位モジュールは「ハードウェアの実体」に近いものとする。レジスタファイルなど共通部分は別途モジュールとして切り出す。

❷ **モジュール構成**　　フェッチ，デコード，実行，書戻しの4部から成るが，実際の設計ではデコード部ははずされることになった。

❸ **設計の試行錯誤**　　モジュール分割，入出力信号線の設定などは，最初から完全なものを目指すのではなく，試行錯誤を繰り返すことで定めていく。

◆◆◆◆ 演 習 問 題 ◆◆◆◆

問　Quartus を用いて，本章で述べた基本プロセッサを設計せよ。論理合成までを行い，エラーなくコンパイルされたことを確認せよ。

8 基本プロセッサのシミュレーションによる検証

本章では，ModelSim を使って基本プロセッサのシミュレーションを行い，設計を検証する。

8.1 シミュレーションの手順

シミュレーションを行う際に，いきなり設計したプロセッサにプログラムをロードして全体動作チェックをするのは無謀である。最初に，単純なモジュールや関数のシミュレーションを行って，これが正確に動作することを確認した後で，上位モジュールのシミュレーションに移る，という階層的な検証を行うのが合理的である。実際には，下位モジュールを設計した直後にそのシミュレーションを行い，動作確認をしてから上位階層の設計に移るのがふつうであろう。上位階層で誤りが発見され，下位階層のチェックに戻るということもしばしば起こる。

図 8.1 に，本書で設計中の基本プロセッサの階層構造を示す。検証は，この図を見ながら手順を決めていけばよい。

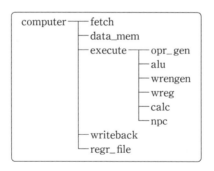

図 8.1 基本プロセッサの階層構造

8.2 命令フェッチ部

本節では，命令フェッチ部について検証する。他の電子回路と違って，コンピュータの場合は，プログラム（ソフトウェア）があって初めて動作する。本節では，シミュレータ上で

機械語プログラムを命令メモリにロードする手順を示し，7章で設計した命令フェッチ部の
動作を確認する。

8.2.1 アセンブラによる機械語プログラムの生成

6.5節で，命令セットの設計とアセンブラの作成を行った。アセンブラの出力は，機械語
プログラム（2進数の列）であり，基本プロセッサを動かすには，まずこれを命令メモリに
ロード（load）しなければならない。

いま，アセンブリ言語で書かれたプログラムの入ったファイルを sample.asm とする。
sample.asm には，例えば，**図8.2**のような簡単なプログラムが入っていたとする。これは，
1＋1＝2を実行するプログラムである。

```
addi r1, r0, 1
addi r2, r1, 1
```

図8.2 アセンブリ言語によるプログラム（例）

Windows の環境で，コマンドプロンプトのウィンドウを起動[†]し，ここで 6.5 節のアセン
ブラを使って，sample.asm をアセンブルする（**図8.3**参照）。結果は，sample.bnr という
ファイルに出力する。

```
> perl asm.pl sample. asm > sample. bnr
>
```

図8.3 アセンブリ（コマンドプロンプト画面）

sample.bnr の中身は**図8.4**のようになる。

```
000001_00000_00001_0000000000000001_
000001_00001_00010_0000000000000001_
```

図8.4 sample.bnr

8.2.2 機械語プログラムを命令メモリにロードする

6.2.1項で設計した命令メモリを思い出そう。これは，**図8.5**に示す命令フェッチ部の中
の ins_mem という2次元配列であった。

[†] "スタート〉すべてのプログラム〉アクセサリ〉コマンドプロンプト"（Windows Vista などの場合）。こ
の後，アセンブラの置かれているディレクトリに移動する。

```
module fetch (pc, ins);
    input [31:0] pc;
    output [31:0] ins;
    reg [31:0] ins_mem [0:255];

        assign ins = ins_mem [pc];

endmodule
```

図8.5 命令フェッチ部（太字が
命令メモリの宣言）

つぎに，ファイル sample.bnr から ins_mem に機械語プログラム（2進数）を移すための
シミュレーション記述を，Verilog HDL によって行う。これは，**図8.6** によって行われる。
ここで，$readmemb は，4.2.6項で述べたとおり，テキストファイルを2進数として
Verilog HDL で設計したメモリに読み出すシステムタスクである†。これを，図8.5の回路
記述部（assign ins = ins_mem [pc]；の前後）に入れておけばよい。

```
initial
    $readmemb ("sample. bnr", ins_mem);
```

図8.6 ファイルからの機械語プログラムのロード

以上の手順で，アセンブラプログラムが機械語プログラムに変換され，これが命令メモリ
にロードされた。

命令メモリの中身を読み出すためのモジュール tfetch を**図8.7**に示す。tfetch では，周期
100 ユニットのクロックを生成し，これに同期して PC を 1 ずつ進めて，そのたびに命令
フェッチをしている。

```
module tfetch;
    reg clk, rst;
    reg [31:0] pc;
    wire [31:0] ins;

    initial
        begin
            clk = 0; forever #50 clk = !clk;
        end

    initial
        begin
                rst = 1;
            #10 rst = 0;
            #20 rst = 1;
```

図8.7 命令メモリの中身を読み出すモジュール（tfetch）

---
† _（アンダースコア）をあらかじめ削除しておく点に注意が必要である。

```
      end

always @(negedge rst or posedge clk)
   begin
      if (rst == 0) pc <= 0;
      else if (clk == 1) pc <= pc + 1;
   end

initial
   $monitor ($stime, "¥rstd = %b, clk = %b, pc = %d, ins = %b", rstd, clk, pc, ins);

fetch fetch_body (pc, ins);
endmodule
```

図 8.7 （つづき）

図 8.7 で $monitor は，（ ）の中の信号の値に変化があれば，（ ）の中のすべての信号の値を出力するシステムタスクである（表 4.2 参照）。

ModelSim で図 8.7 を実行した結果を**図 8.8** に示す。なお，アセンブリ言語のプログラムは，図 8.2 のものとした。二つの命令が確かに命令メモリにロードされ，読み出されることが確認できた。

```
   VSIM1> run
# 0     rstd=1, clk=0, pc=x, ins=xxxxxxxxxxxxxxxxxxxxxxxxxxxxxxxx
# 10    rstd=0, clk=0, pc=0, ins=00000100000000010000000000000001
# 30    rstd=1, clk=0, pc=0, ins=00000100000000010000000000000001
# 50    rstd=1, clk=1, pc=1, ins=00000100001000100000000000000001
# 100   rstd=1, clk=0, pc=1, ins=00000100001000100000000000000001
# 150   rstd=1, clk=1, pc=2, ins=xxxxxxxxxxxxxxxxxxxxxxxxxxxxxxxx
```

図 8.8 命令メモリのロードとダンプ（シミュレーション結果）

なお，本節で行ったのは，あくまでもシミュレータ上のメモリロードである。FPGA ボードなどにロードする際には，別の手順が必要となる（9.3.2 項参照）ので注意すること。

8.2.3　メモリ内容の表示と修正法

ModelSim（Intel 版）では，Memory List タブが表示される。このタブに表示されるメモリをダブルクリックすると，メモリの中身を示すウィンドウが生成される。**図 8.9** にこれを示す。

$readmemb などを行うと，メモリの中身もこれを反映して更新される。これによって，tfetch を行わなくても命令ロードが正確に行われたかどうかを知ることができる。

ModelSim では，メモリの中身を直接検索したり，書き換えたりすることが容易にできる。詳細は，Help タブの下のマニュアル類を参照されたい。

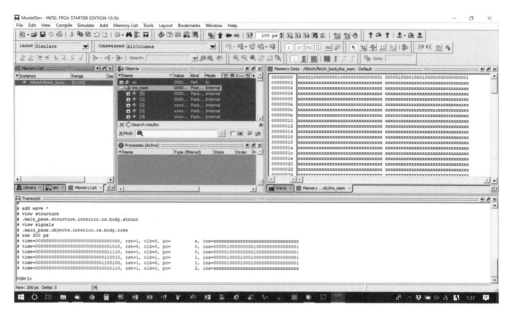

図 8.9 メモリの中身

8.3 データメモリ

データメモリを読み書きする回路は，**図 8.10** で示される。7 章で述べたとおり，基本プロセッサでは，バイトアドレシングを行うために，8 ビットのメモリが四つ並列に置かれており，図 8.10 はその一つである。

```verilog
module data_mem (address, clk, write_data, wren, read_data);
   input [7:0] address;
   input clk, wren;
   input [7:0] write_data;
   output [7:0] read_data;
   reg [7:0] d_mem [0:255];

   always @(posedge clk)
      if (wren == 0) d_mem [address] <= write_data;
   assign read_data = d_mem [address];
endmodule
```

図 8.10 データメモリ

データメモリの読み書きのテストは，sw，sh，sb の各命令で書き込んだデータを読み出すことで行う。**図 8.11** にテスト用のモジュールを示す。

```
module data_mem (address, clk, write_data, wren, read_data);
    図 8.10 と同じ

module test_mem;
    reg [7:0] address;
    reg clk, wren;
    reg [31:0] ra, wa, write_data;
    wire [31:0] read_data;

initial
    begin
        clk=0; forever #50 clk=~clk;
    end

initial
    begin
        #40     address=0;          write_data=8'h21; wren=0;
        #100    address=1;          write_data=8'h43; wren=0;
        #100    address=2;          write_data=8'h65; wren=1;
        #100    address=2;          write_data=8'h87; wren=0;
        #100    address=3;          write_data=8'ha9; wren=0;
        #100    address=0;          wren=1;
        #100    address=1;          wren=1;
        #100    address=2;          wren=1;
        #100    address=3;          wren=1;
    end

    initial $monitor ($stime, "address=%d, clk=%d, write_data=%h,
                    wren=%d, read_data=%h", address, clk, write_date,
                    wren, read_data);
    data_mem data_mem_body (address, clk, write_data, wren, read_data);
endmodule
```

図 8.11　データメモリの読み書きのテスト用モジュール

　図 8.11 のテストの結果を図 8.12 に示す。書き込まれたデータが正確に読み出されていることがわかる（8'h65 は wren＝1 なので書き込まれない点に注意）。図 8.13 は，このときのデータメモリの中身をダンプしたものである。各行は，順番に番地，中身（8 ビット。番地の小さい順）を 16 進数で示したものである。

```
Visim1> run
#      0 address=x, clk=0, write_data=xx, wren=x, read_data=xx
#     40 address=0, clk=0, write_data=21, wren=0, read_data=xx
#     50 address=0, clk=1, write_data=21, wren=0, read_data=21
#    100 address=0, clk=0, write_data=21, wren=0, read_data=21
#    140 address=1, clk=0, write_data=43, wren=0, read_data=xx
#    150 address=1, clk=1, write_data=43, wren=0, read_data=43
#    200 address=1, clk=0, write_data=43, wren=0, read_data=43
#    240 address=2, clk=0, write_data=65, wren=1, read_data=xx
```

図 8.12　メモリテストのシミュレーション結果

```
#  250 address=2, clk=1, write_data=65, wren=1, read_data=xx
#  300 address=2, clk=0, write_data=65, wren=1, read_data=xx
#  340 address=2, clk=0, write_data=87, wren=0, read_data=xx
#  350 address=2, clk=1, write_data=87, wren=0, read_data=87
#  400 address=2, clk=0, write_data=87, wren=0, read_data=87
#  440 address=3, clk=0, write_data=a9, wren=0, read_data=xx
#  450 address=3, clk=1, write_data=a9, wren=0, read_data=a9
#  500 address=3, clk=0, write_data=a9, wren=0, read_data=a9
#  540 address=0, clk=0, write_data=a9, wren=1, read_data=21
#  550 address=0, clk=1, write_data=a9, wren=1, read_data=21
#  600 address=0, clk=0, write_data=a9, wren=1, read_data=21
#  640 address=1, clk=0, write_data=a9, wren=1, read_data=43
#  650 address=1, clk=1, write_data=a9, wren=1, read_data=43
#  700 address=1, clk=0, write_data=a9, wren=1, read_data=43
#  740 address=2, clk=0, write_data=a9, wren=1, read_data=87
#  750 address=2, clk=1, write_data=a9, wren=1, read_data=87
#  800 address=2, clk=0, write_data=a9, wren=1, read_data=87
#  840 address=3, clk=0, write_data=a9, wren=1, read_data=a9
#  850 address=3, clk=1, write_data=a9, wren=1, read_data=a9
```

図 8.12　（つづき）

```
00000000  21
00000001  43
00000002  87
00000003  a9
00000004  xx
```

図 8.13　メモリの中身

8.4 実 行 部

　実行部は，演算回路とデータメモリの呼出しから成る。本節では，実行部の各機能をシミュレーションによって動作確認していく。

8.4.1　opr_gen

opr_gen は，ALU でどのような演算を行うかを指定する回路である。単純な組合せ回路だが，念のためにテストしよう（**図 8.14** 参照）。

```
module test_opr_gen;
    reg [5:0] op;
    reg [4:0] operation;
    reg [4:0] opr;
```

図 8.14　opr_gen のテスト

```
function [4:0] opr_gen;
   input [5:0] op;
   input [4:0] operation;
   case (op)
      6'd0:opr_gen=operation;
      6'd1:opr_gen=5'd0;
      6'd4:opr_gen=5'd8;
      6'd5:opr_gen=5'd9;
      6'd6:opr_gen=5'd10;
      default:opr_gen=5'h1f;
   endcase
endfunction

initial
   begin
           op=6'd0; operation=5'd0; opr=opr_gen (op, operation);
      #100 op=6'd0; operation=5'd8; opr=opr_gen (op, operation);
      #100 op=6'd0; operation=5'd11; opr=opr_gen (op, operation);
      #100 op=6'd1; operation=5'd0; opr=opr_gen (op, operation);
      #100 op=6'd4; operation=5'd3; opr=opr_gen (op, operation);
      #100 op=6'd5; operation=5'd9; opr=opr_gen (op, operation);
      #100 op=6'd6; operation=5'd11; opr=opr_gen (op, operation);
      #100 op=6'd2; operation=5'd0; opr=opr_gen (op, operation);
      #100 op=6'd10; operation=5'd11; opr=opr_gen (op, operation);
   end
initial
   $monitor ($stime, "op=%d, operation=%d, opr=%d", op, operation, opr);
endmodule
```

図 8.14 （つづき）

図 8.14 のシミュレーションを実行すると，**図 8.15** のように出力され，正しい結果が出ていることがわかる。

```
VSIM1 > run
#     0 op=0,  operation=0,  opr=0
#   100 op=0,  operation=8,  opr=8
#   200 op=0,  operation=11, opr=11
#   300 op=1,  operation=0,  opr=0
#   400 op=4,  operation=3,  opr=8
#   500 op=5,  operation=9,  opr=9
#   600 op=6,  operation=11, opr=10
#   700 op=2,  operation=0,  opr=31
#   800 op=10, operation=11, opr=31
```

図 8.15　opr_gen のテスト結果

8.4.2　ALU

ALU は**図 8.16** の回路である。シミュレーションは，例えば**図 8.17** のモジュールで実現する。結果を**図 8.18** に示す。

```
function [31:0] alu;
    input [4:0] opr, shift;
    input [31:0] operand1, operand2;
        case (opr)
            5'd0:alu=operand1 + operand2;
            5'd1:alu=operand1 - operand2;
            5'd8:alu=operand1 & operand2;
            5'd9:alu=operand1 | operand2;
            5'd10:alu=operand1 ^ operand2;
            5'd11:alu=~(operand1 & operand2);
            5'd16:alu=operand1 << shift;
            5'd17:alu=operand1 >> shift;
            5'd18:alu=operand1 >>> shift;
            default:alu=32'hffffffff;
        endcase
endfunction
```

図 8.16 ALU

```
module test_alu;
reg [4:0] opr, shift;
reg [31:0] operand1, operand2, result;

function [31:0] alu;
図 8.16 のとおり
endfunction

initial
    begin
            opr=0; shift=0;
            operand1=32'h00000000; operand2=32'h00000000;
            result=alu (opr, shift, operand1, operand2);
      #100  operand1=32'h00000000; operand2=32'h00000001;
            result=alu (opr, shift, operand1, operand2);
      #100  operand1=32'h0fffffff; operand2=32'h00000001;
            result=alu (opr, shift, operand1, operand2);
      #100  operand1=32'hffffffff; operand2=32'hffffffff;
            result=alu (opr, shift, operand1, operand2);
      #100  opr=1;
            operand1=32'h00000000; operand2=32'h00000000;
            result=alu (opr, shift, operand1, operand2);
      #100  operand1=32'hffffffff; operand2=32'hfffffffe;
            result=alu (opr, shift, operand1, operand2);
      #100  opr=8;
            operand1=32'h00000000; operand2=32'hffffffff;
            result=alu (opr, shift, operand1, operand2);
      #100  operand1=32'h55555555; operand2=32'haaaaaaaa;
            result=alu (opr, shift, operand1, operand2);
      #100  operand1=32'hffffffff; operand2=32'hffffffff;
            result=alu (opr, shift, operand1, operand2);
      #100  opr=9;
```

図 8.17 ALU のテスト（例）

```
                operand1=32'h00000000; operand2=32'hffffffff;
                result=alu (opr, shift, operand1, operand2);
        #100    operand1=32'h55555555; operand2=32'haaaaaaaa;
                result=alu (opr, shift, operand1, operand2);
        #100    opr=10;
                operand1=32'h00000000; operand2=32'hffffffff;
                result=alu (opr, shift, operand1, operand2);
        #100    operand1=32'h55555555; operand2=32'h55555555;
                result=alu (operand1, operand2, opr, shift);
        #100    opr=11;
                operand1=32'h00000000; operand2=32'hffffffff;
                result=alu (opr, shift, operand1, operand2);
        #100    operand1=32'h55555555; operand2=32'h55555555;
                result=alu (operand1, operand2, opr, shift);
        #100    opr=16;
                operand1=32'h12345678; shift=2'h1;
                result=alu (opr, shift, operand1, operand2);
        #100    opr=16;
                operand1=32'h12345678; shift=2'h1;
                result=alu (opr, shift, operand1, operand2);
        #100    opr=17;
                operand1=32'h12345678; shift=2'h1;
                result=alu (opr, shift, operand1, operand2);
        #100    opr=18;
                operand1=32'h12345678; shift=2'h1;
                result=alu (operand1, operand2, opr, shift);
        #100    operand1=32'h92345678; shift=2'h1;
                result=alu (opr, shift, operand1, operand2);
        #100    opr=2;
                result=alu (opr, shift, operand1, operand2);
    end
        initial
        $monitor ($stime, "op=%h, shift=%h, op1=%h, op2=%h, result=%h",
                opr, shift, operand1, operand2, result);

endmodule
```

図8.17 （つづき）

```
> VSIM5 run-all
#      0 op=00, shift=00, op1=00000000, op2=00000000, result=00000000
#    100 op=00, shift=00, op1=00000000, op2=00000001, result=00000001
#    200 op=00, shift=00, op1=0fffffff, op2=00000001, result=10000000
#    300 op=00, shift=00, op1=ffffffff, op2=ffffffff, result=fffffffe
#    400 op=01, shift=00, op1=00000000, op2=00000000, result=00000000
#    500 op=01, shift=00, op1=ffffffff, op2=fffffffe, result=00000001
#    600 op=08, shift=00, op1=00000000, op2=ffffffff, result=00000000
#    700 op=08, shift=00, op1=55555555, op2=aaaaaaaa, result=00000000
#    800 op=08, shift=00, op1=ffffffff, op2=ffffffff, result=ffffffff
#    900 op=09, shift=00, op1=00000000, op2=ffffffff, result=ffffffff
#   1000 op=09, shift=00, op1=55555555, op2=aaaaaaaa, result=ffffffff
#   1100 op=0a, shift=00, op1=00000000, op2=ffffffff, result=ffffffff
```

図8.18　ALUのシミュレーション結果

```
#    1200 op=0a, shift=00, op1=55555555, op2=55555555, result=ffffffff
#    1300 op=0b, shift=00, op1=00000000, op2=ffffffff, result=ffffffff
#    1400 op=0b, shift=00, op1=55555555, op2=55555555, result=ffffffff
#    1500 op=10, shift=01, op1=12345678, op2=55555555, result=2468acf0
#    1700 op=11, shift=01, op1=12345678, op2=55555555, result=091a2b3c
#    1800 op=12, shift=01, op1=12345678, op2=55555555, result=ffffffff
#    1900 op=12, shift=01, op1=92345678, op2=55555555, result=491a2b3c
#    2000 op=02, shift=01, op1=92345678, op2=55555555, result=ffffffff
```

図 8.18 （つづき）

じつは図 8.17 のようにテストパターンをそのまま入力する方法は，場合の数が多いときには適当ではない。プログラムでテストパターンを生成し，結果パターンを別途作成しておいてプログラムで照合するなどの方法をとるのが一般的である。本書では，8.7 節で実際のプログラムを実行してプロセッサ全体を検証していくが，これで結果的に ALU についてもパターンを調べることになる。

ここでの検証は図 8.17 のテストパターンによるシミュレーションにとどめておく。

8.4.3　結果データの生成・分岐・書込みレジスタの選択

結果データを生成する回路・分岐によってつぎの命令番地を算出する回路，結果を書き込むレジスタの番地を確定する回路，読み書きするメモリを選択する回路の Verilog HDL 記述は，**図 8.19** である。これらはすべて，case 文による分岐から成る組合せ論理回路であり，ALU と同じ形である。8.4.2 項で述べたのと同様の方法でテストできる。また，**図 8.20** に実行部全体（モジュール execute）の記述を記す。ここでは，これらのテストの詳細を省略するが，各自必要に応じて試みられたい。

```
function [31:0] calc;
   input [5:0] op;
   input [31:0] alu_result, dpl_imm, dm_r_data, pc;
      case (op)
         6'd0, 6'd1, 6'd4, 6'd5, 6'd6: calc=alu_result;
         6'd3:calc=dpl_imm << 16;
         6'd16:calc=dm_r_data;
         6'd18:calc={{16{dm_r_data [15]}}, dm_r_data [15:0]};
         6'd20:calc={{24{dm_r_data [7]}}, dm_r_data [7:0]};
         6'd41:calc=pc + 32'd1;
         default: calc=32'hffffffff;
      endcase
endfunction

function [31:0] npc;
   input [5:0] op;
   input [31:0] reg1, reg2, branch, nonbranch, addr;
```

図 8.19　結果データの生成・分岐・書込みレジスタ選択・メモリ選択の回路

```
        case (op)
            6'd32:npc=(reg1 == reg2)? branch:nonbranch;
            6'd33:npc=(reg1!=reg2)? branch:nonbranch;
            6'd34:npc=(reg1 < reg2)? branch:nonbranch;
            6'd35:npc=(reg1 <= reg2)? branch:nonbranch;
            6'd40, 6'd41:npc=addr;
            6'd42:npc=reg1;
            default:npc=nonbranch;
        endcase
endfunction

function [4:0] wreg;
    input [5:0] op;
    input [4:0] rt, rd;
        case (op)
            6'd0:wreg=rd;
            6'd1, 6'd3, 6'd4, 6'd5, 6'd6, 6'd16, 6'd18, 6'd20:wreg=rt;
            6'd41:wreg=5'd31;
            default:wreg=5'd0;
        endcase
endfunction

function [3:0] wrengen;
        input [5:0] op;
        case (op)
            6'd24:wrengen=4'b0000;
            6'd26:wrengen=4'b1100;
            6'd28:wrengen=4'b1110;
            default:wrengen=4'b1111;
        endcase
endfunction
```

図 8.19 （つづき）

```
module execute (clk, ins, pc, reg1, reg2, wra, result, nextpc);
input clk;
input [31:0] ins, pc, reg1, reg2;
output [4:0] wra;
output [31:0] result, nextpc;
wire [5:0] op;
wire [4:0] shift, operation;
wire [25:0] addr;
wire [31:0] dpl_imm, operand2, alu_result, nonbranch, branch, mem_address, dm_r_data;
wire [3:0] wren;

    (function:opr_gen, alu, calc, npc., wreg, wrengen)

assign op=ins [31:26];
assign shift=ins [10:6];
assign operation=ins [4:0];
```

図 8.20 モジュール execute

```
assign dpl_imm={{16{ins [15]}}, ins [15:0]};
assign operand2=(op == 6'd0)? reg2:dpl_imm;
assign alu_result=alu (opr_gen (op, operation), shift, reg1, operand2);

assign mem_address=(reg1 + dpl_imm) >>> 2;
assign wren=wrengen (op);
data_mem data_mem_body0 (mem_address [7:0], clk, reg2 [7:0], wren [0], dm_r_data [7:0]);
data_mem data_mem_body1 (mem_address [7:0], clk, reg2 [15:8], wren [1], dm_r_data [15:8]);
data_mem data_mem_body2 (mem_address [7:0], clk, reg2 [23:16], wren [2], dm_r_data [23:16]);
data_mem data_mem_body3 (mem_address [7:0], clk, reg2 [31:24], wren [3], dm_r_data [31:24]);

assign wra=wreg (op, ins [20:16], ins [15:11]);
assign result=calc (op, alu_result, dpl_imm, dm_r_data, pc);

assign addr=ins [25:0];
assign nonbranch=pc + 32'd1;
assign branch=nonbranch + dpl_imm;
assign nextpc=npc (op, reg1, reg2, branch, nonbranch, addr);

endmodule // end of execute
```

図 8.20　（つづき）

8.5 書 戻 し 部

図 8.21 に，書戻し部の回路を示す。

```
module writeback (clk, rstd, nextpc, pc);
input clk, rstd;
input [31:0] nextpc;
output [31:0] pc;
reg [31:0] pc;

always @(negedge rstd or posedge clk)
   begin
      if (rstd == 0) pc <= 32'h00000000;
      else if (clk == 1) pc <= nextpc;
   end
endmodule
```

図 8.21　書戻し部

　ここでは，プログラムカウンタの値をリセットするか，クロックが来るたびに 1 ずつ増やす作業をしている。単純な回路だが，念のためにシミュレーションしておく。**図 8.22** がシミュレーションのプログラムである。

　図 8.23 にシミュレーション結果を示す。PC が正しくセットされていることがわかる。

```
module test_writeback;
reg clk, rstd;
reg [31:0] nextpc;
wire [31:0] pc;

initial
   begin
      clk=0; forever #50 clk=~clk;
   end

initial
   begin
       rstd=1;
   #10 rstd=0;
   #20 rstd=1;
   end

   initial
      begin
         #30   nextpc=32'h00000001;
         #100  nextpc=32'h12345678;
         #100  nextpc=32'h87654321;
         #100  nextpc=32'hffffffff;
   end

   writeback writeback_body (clk, rstd, nextpc, pc);

   initial $monitor ($stime, "rstd=%d, clk=%d, nextpc=%h, pc=%h",
                 rstd, clk, nextpc, pc);
endmodule
```

図 8.22 書戻し部のシミュレーション

```
        rstd=1, clk=0, nextpc=xxxxxxxx, pc=xxxxxxxx
#   10  rstd=0, clk=0, nextpc=xxxxxxxx, pc=00000000
#   30  rstd=1, clk=0, nextpc=00000001, pc=00000000
#   50  rstd=1, clk=1, nextpc=00000001, pc=00000001
#  100  rstd=1, clk=0, nextpc=00000001, pc=00000001
#  130  rstd=1, clk=0, nextpc=12345678, pc=00000001
#  150  rstd=1, clk=1, nextpc=12345678, pc=12345678
#  200  rstd=1, clk=0, nextpc=12345678, pc=12345678
#  230  rstd=1, clk=0, nextpc=87654321, pc=12345678
#  250  rstd=1, clk=1, nextpc=87654321, pc=87654321
#  300  rstd=1, clk=0, nextpc=87654321, pc=87654321
#  330  rstd=1, clk=0, nextpc=ffffffff, pc=87654321
#  350  rstd=1, clk=1, nextpc=ffffffff, pc=ffffffff
```

図 8.23 書戻し部のシミュレーション結果

8.6 レジスタファイル

　レジスタファイルは読出し2ポート，書込み1ポートの3ポートをもつメモリである。したがって，レジスタファイルのシミュレーションは，図8.11のデータメモリのシミュレーションと似たものになる。

　図8.24にレジスタファイルの回路を，図8.25にレジスタファイルのシミュレーションを，それぞれVerilog HDLで記述したものを示す。

```
module reg_file (clk, rstd, wr, ra1, ra2, wa, wren, rr1, rr2);
    input clk, rstd, wren;
    input [31:0] wr;
    input [4:0] ra1, ra2, wa;
    output [31:0] rr1, rr2;
    reg [31:0] rf [0:31];

    assign rr1=rf [ra1];
    assign rr2=rf [ra2];
    always @(negedge rstd or posedge clk)
        if (rstd == 0) rf [0] <= 32'h00000000;
        else if (wren == 0) rf [wa] <= wr;
endmodule
```

図8.24　レジスタファイル

```
module test_register_file;
reg clk, rstd, wren;
reg [4:0] ra1, ra2, wa;
wire [31:0] rr1, rr2;
reg [31:0] wr;

initial
    begin
        clk=0; forever #50 clk=!clk;
    end

initial
    begin
            rstd=1;
    #30     rstd=0;
    #40     rstd=1;
    #10     wren=0; ra1=1; ra2=2; wa=3; wr=32'haaaaaaaa;
    #100    ra1=3; ra2=3; wa=4; wr=32'h55555555;
    #100    ra1=4; ra2=5; wa=5; wr=32'h12345678;
    #100    ra1=5; ra2=4; wa=6; wr=32'h87654321;
    #100    ra1=6; ra2=0; wa=1; wr=32'h11111111;
    #100    ra1=1; ra2=6; wa=2; wr=32'h22222222;
```

図8.25　レジスタファイルのシミュレーション記述

```
    #100    ra1=1; ra2=2; wa=7; wr=32'h77777777;
    #100    wren=1; ra1=1; ra2=2; wa=8; wr=32'haaaaaaaa;
    #100    ra1=3; ra2=4; wa=9; wr=32'h11111111;
    #100    ra1=5; ra2=6; wa=10; wr=32'hbbbbbbbb;
    #100    ra1=7; ra2=8; wa=11; wr=32'hcccccccc;
    #100    ra1=9; ra2=10; wa=11; wr=32'hdddddddd;
// #100....
end

reg_file rf_body (clk, rstd, wr, ra1, ra2, wa, wren, rr1, rr2);

initial
    $monitor ($stime, "clk=%d, rstd=%d, ra1=%h, ra2=%h, wa=%h, rr1=%h, rr2=%h,
              wr=%h, wren=%h", clk, rstd, ra1, ra2, wa, rr1, rr2, wr, wren);
endmodule
```

図 8.25 （つづき）

シミュレーション結果は，**図 8.26** のようになる。また，レジスタファイルの中身は，**図 8.27** のようになる。両方から，正しい動作をしていることが理解される。

```
Vsim > run
#    0 clk=0, rstd=1, ra1=xx, ra2=xx, wa=xx, rr1=xxxxxxxx, rr2=xxxxxxxx, wr=xxxxxxxx, wren=x
#   30 clk=0, rstd=0, ra1=xx, ra2=xx, wa=xx, rr1=xxxxxxxx, rr2=xxxxxxxx, wr=xxxxxxxx, wren=x
#   50 clk=1, rstd=0, ra1=xx, ra2=xx, wa=xx, rr1=xxxxxxxx, rr2=xxxxxxxx, wr=xxxxxxxx, wren=x
#   70 clk=1, rstd=1, ra1=xx, ra2=xx, wa=xx, rr1=xxxxxxxx, rr2=xxxxxxxx, wr=xxxxxxxx, wren=x
#   80 clk=1, rstd=1, ra1=01, ra2=02, wa=03, rr1=xxxxxxxx, rr2=xxxxxxxx, wr=aaaaaaaa, wren=0
#  100 clk=0, rstd=1, ra1=01, ra2=02, wa=03, rr1=xxxxxxxx, rr2=xxxxxxxx, wr=aaaaaaaa, wren=0
#  150 clk=1, rstd=1, ra1=01, ra2=02, wa=03, rr1=xxxxxxxx, rr2=xxxxxxxx, wr=aaaaaaaa, wren=0
#  180 clk=1, rstd=1, ra1=03, ra2=03, wa=04, rr1=aaaaaaaa, rr2=aaaaaaaa, wr=55555555, wren=0
#  200 clk=0, rstd=1, ra1=03, ra2=03, wa=04, rr1=aaaaaaaa, rr2=aaaaaaaa, wr=55555555, wren=0
#  250 clk=1, rstd=1, ra1=03, ra2=03, wa=04, rr1=aaaaaaaa, rr2=aaaaaaaa, wr=55555555, wren=0
#  280 clk=1, rstd=1, ra1=04, ra2=05, wa=05, rr1=55555555, rr2=xxxxxxxx, wr=12345678, wren=0
#  300 clk=0, rstd=1, ra1=04, ra2=05, wa=05, rr1=55555555, rr2=xxxxxxxx, wr=12345678, wren=0
#  350 clk=1, rstd=1, ra1=04, ra2=05, wa=05, rr1=55555555, rr2=12345678, wr=12345678, wren=0
#  380 clk=1, rstd=1, ra1=05, ra2=04, wa=06, rr1=12345678, rr2=55555555, wr=87654321, wren=0
#  400 clk=0, rstd=1, ra1=05, ra2=04, wa=06, rr1=12345678, rr2=55555555, wr=87654321, wren=0
#  450 clk=1, rstd=1, ra1=05, ra2=04, wa=06, rr1=12345678, rr2=55555555, wr=87654321, wren=0
#  480 clk=1, rstd=1, ra1=06, ra2=00, wa=01, rr1=87654321, rr2=00000000, wr=11111111, wren=0
#  500 clk=0, rstd=1, ra1=06, ra2=00, wa=01, rr1=87654321, rr2=00000000, wr=11111111, wren=0
#  550 clk=1, rstd=1, ra1=06, ra2=00, wa=01, rr1=87654321, rr2=00000000, wr=11111111, wren=0
#  580 clk=1, rstd=1, ra1=01, ra2=06, wa=02, rr1=11111111, rr2=87654321, wr=22222222, wren=0
#  600 clk=0, rstd=1, ra1=01, ra2=06, wa=02, rr1=11111111, rr2=87654321, wr=22222222, wren=0
#  650 clk=1, rstd=1, ra1=01, ra2=06, wa=02, rr1=11111111, rr2=87654321, wr=22222222, wren=0
#  680 clk=1, rstd=1, ra1=01, ra2=02, wa=07, rr1=11111111, rr2=22222222, wr=77777777, wren=0
#  700 clk=0, rstd=1, ra1=01, ra2=02, wa=07, rr1=11111111, rr2=22222222, wr=77777777, wren=0
#  750 clk=1, rstd=1, ra1=01, ra2=02, wa=07, rr1=11111111, rr2=22222222, wr=77777777, wren=0
#  780 clk=1, rstd=1, ra1=01, ra2=02, wa=08, rr1=11111111, rr2=22222222, wr=aaaaaaaa, wren=1
#  800 clk=0, rstd=1, ra1=01, ra2=02, wa=08, rr1=11111111, rr2=22222222, wr=aaaaaaaa, wren=1
#  850 clk=1, rstd=1, ra1=01, ra2=02, wa=08, rr1=11111111, rr2=22222222, wr=aaaaaaaa, wren=1
#  880 clk=1, rstd=1, ra1=03, ra2=04, wa=09, rr1=aaaaaaaa, rr2=55555555, wr=11111111, wren=1
```

図 8.26 レジスタファイルのシミュレーション結果

```
#  900 clk=0, rstd=1, ra1=03, ra2=04, wa=09, rr1=aaaaaaaa, rr2=55555555, wr=11111111, wren=1
#  950 clk=1, rstd=1, ra1=03, ra2=04, wa=09, rr1=aaaaaaaa, rr2=55555555, wr=11111111, wren=1
#  980 clk=1, rstd=1, ra1=05, ra2=06, wa=0a, rr1=12345678, rr2=87654321, wr=bbbbbbbb, wren=1
# 1000 clk=0, rstd=1, ra1=05, ra2=06, wa=0a, rr1=12345678, rr2=87654321, wr=bbbbbbbb, wren=1
# 1050 clk=1, rstd=1, ra1=05, ra2=06, wa=0a, rr1=12345678, rr2=87654321, wr=bbbbbbbb, wren=1
# 1080 clk=1, rstd=1, ra1=07, ra2=08, wa=0b, rr1=77777777, rr2=xxxxxxxx, wr=cccccccc, wren=1
# 1100 clk=0, rstd=1, ra1=07, ra2=08, wa=0b, rr1=77777777, rr2=xxxxxxxx, wr=cccccccc, wren=1
# 1150 clk=1, rstd=1, ra1=07, ra2=08, wa=0b, rr1=77777777, rr2=xxxxxxxx, wr=cccccccc, wren=1
# 1180 clk=1, rstd=1, ra1=09, ra2=0a, wa=0b, rr1=xxxxxxxx, rr2=xxxxxxxx, wr=dddddddd, wren=1
# 1200 clk=0, rstd=1, ra1=09, ra2=0a, wa=0b, rr1=xxxxxxxx, rr2=xxxxxxxx, wr=dddddddd, wren=1
# 1250 clk=1, rstd=1, ra1=09, ra2=0a, wa=0b, rr1=xxxxxxxx, rr2=xxxxxxxx, wr=dddddddd, wren=1
# 1300 clk=0, rstd=1, ra1=09, ra2=0a, wa=0b, rr1=xxxxxxxx, rr2=xxxxxxxx, wr=dddddddd, wren=1
```

図 8.26 （つづき）

```
0-3     00000000 11111111 22222222 aaaaaaaa
4-7     55555555 12345678 87654321 77777777
8-b     xxxxxxxx xxxxxxxx xxxxxxxx xxxxxxxx
c-f     xxxxxxxx xxxxxxxx xxxxxxxx xxxxxxxx
10-13   xxxxxxxx xxxxxxxx xxxxxxxx xxxxxxxx
14-17   xxxxxxxx xxxxxxxx xxxxxxxx xxxxxxxx
18-1b   xxxxxxxx xxxxxxxx xxxxxxxx xxxxxxxx
1c-1f   xxxxxxxx xxxxxxxx xxxxxxxx xxxxxxxx
```

図 8.27　レジスタファイルの中身

8.7　基本プロセッサの全体シミュレーション

いよいよ基本プロセッサ全体のシミュレーションを行う。ModelSim のブレークポイント機能やシステムタスク，信号値のダンプ機能を用いて，正しい動作をしているかどうかを判定し，していない場合はどこに原因があるのかを探って修正する。

8.7.1　トップモジュールのテスト法

トップモジュールである computer の中身を**図 8.28** に再掲する。

これまでのモジュールや関数と異なり，computer の入出力は，clk，rstd の 2 本だけであり，どちらも入力線である。rstd は動作開始時に一度使われるだけだし，clk は矩形波を出し続けるだけである。したがって，computer をシミュレーションする Verilog HDL のソースは，**図 8.29** のようになる。

```
module computer (clk, rstd);
    input clk, rstd;
    wire [31:0] pc, ins, reg1, reg2, result, nextpc;
    wire [4:0] wra;
    wire [3:0] wren;

        fetch fetch_body (pc [7:0], ins);
        execute execute_body (clk, ins, pc, reg1, reg2, wra, result, nextpc);
        writeback writeback_body (clk, rstd, nextpc, pc);
        reg_file rf_body (clk, rstd, result, ins [25:21], ins [20:16], wra, (~| wra),
                         reg1, reg2);

endmodule
```

図 8.28 トップモジュール

```
module tcomputer3;
        reg clk, rstd;

    initial
        begin rstd=1;
            #10 rstd=0;
            #10 rstd=1;
        end

    initial
        begin clk=0; forever #50 clk=~clk;
        end

    computer computer3_body (clk, rstd);
endmodule
```

図 8.29 トップモジュールのシミュレーション

　実際のシミュレーションでは，ブレークポイントを設定して信号線やメモリセルの値を観察したり，システムタスクを利用して，重要な信号の変化を表示させたりする。例えば，**図8.30**のようなinitial文をトップモジュール内に挿入することで，ここにあげた信号が変化したときには，シミュレーションの時刻とともに，これらの信号すべてが表示されるようになる。

```
initial $monitor ($time, "rstd=%d, clk=%d, pc=%h, ins=%h, reg1=%h, reg2=%h",
                  rstd, clk, pc, ins, reg1, reg2);
```

図 8.30 重要な信号変化の表示（computer 内に記入しておく）

　基本プロセッサの検証で，一番重要なのは，一つ一つの命令が仕様どおりに実行されるかどうかである。基本プロセッサ全体のシミュレーションは，実際の機械語プログラムを実行させることとなる。すべての命令が仕様どおり稼働すれば（さらに命令の続き具合に依存す

る誤動作がなければ），基本プロセッサは正しく稼働したことになるだろう。次項以下では，いくつかのプログラムによる動作検証を行っていく。

図 8.31 にプログラムによる基本プロセッサのシミュレーションの手順を記す。

---

① 表 6.7 に示した命令セットに従って，アセンブリ言語でプログラムを書く。
② ① を図 6.16 に示したアセンブラによってアセンブルする。結果をファイルに入れておく（ファイル名を sample.bnr とする）。
② fetch モジュール内の記述部に，図 8.6 の initial 文を挿入する。これによって，命令メモリにプログラムがロードされる。
④ ModelSim でシミュレーションを実行する。ブレークポイントやダンプ機能，システムタスクなどを用いて誤動作の解析を行う。

図 8.31　プログラムによる基本プロセッサのシミュレーション

8.7.2　1 + 1 = 2 の実行

最も簡単なテストプログラムとして，1 + 1 = 2 のプログラムを実行させてみよう。8.2 節の命令フェッチ部のシミュレーションで使われたプログラムがまさにこれであり，図 8.31 の手順に従うと，つぎのような作業となる。

① アセンブリ言語によるプログラム：図 8.2 で与えられる。
② アセンブルの結果（機械語プログラム）：図 8.4 のとおりである。
③ 命令メモリへのロード：図 8.6 を fetch モジュールの記述部に埋め込めばよい。
④ 実行：**図 8.32** に結果を記す。中央上の Objects ウィンドウで，レジスタ 2 に結果 32'b10 が入っていることがわかる。

8.7.3　個々の命令のテスト

8.7.2 項は addi 命令のテストであったが，同様にして個々の命令のテストを行うことができる。ここではいちいち記さないが，読者の皆さんはここでいくつかの命令をピックアップしてテストしていただきたい。

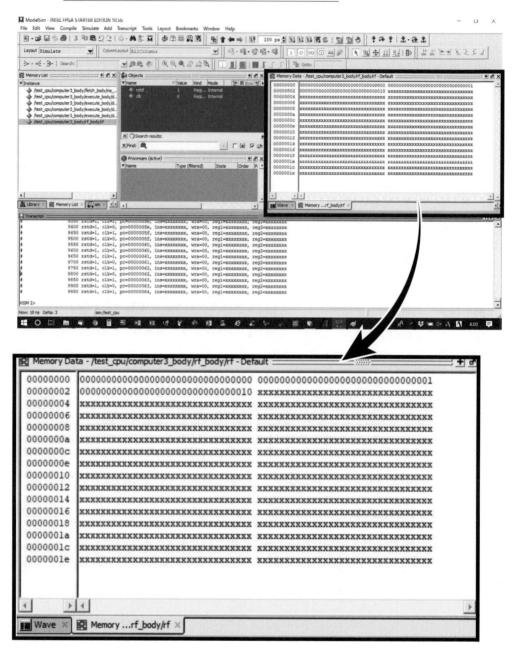

図 8.32 1+1=2 のシミュレーション結果

8.7.4　階和計算のプログラム

アセンブリ言語で階和計算（1～Nまでの数の総和を求める計算）を行うプログラムを書き，これを実行させることで，基本的なループのテストを行う。

最も簡単なプログラムは，**図8.33**のようなものだろう。

```
        addi r1, r0, 20
        addi r2, r0, 0
        addi r3, r0, 0
label: addi r2, r2, 1
        add r3, r2, r3
        blt r2 r1 label
end:    j end
```

図8.33　階和計算のアセンブラプログラム（$N=20$）

図8.34は，Cの構文を用いてこのプログラムを記述したものである。

```
r1=20;
r3=0;
for (r2=0; r2 < r1; r2++) {
    r3=r3 + r2;
}
```

図8.34　階和計算のCプログラム

図8.33をアセンブラで機械語に変換すると，**図8.35**のようになる。

```
000001_00000_00001_0000000000010100_
000001_00000_00010_0000000000000000_
000001_00000_00011_0000000000000000_
000001_00010_00010_0000000000000001_
000000_00010_00011_00011_00000000000_
100010_00010_00001_1111111111111101_
101000_00000000000000000000000110_
```

図8.35　階和計算の機械語プログラム

ModelSimでシミュレーションした結果の画面を**図8.36**に示す。右上2番目のObjects画面の中で，rf［3］の値11010010（10進数の210）が答えである。

図 8.36 階和プログラムのシミュレーション結果（N=20）

《**本章のまとめ**》

❶ **プログラムロード**　アセンブラでプログラムを機械語に変換した後，システムタスクを用いてメモリに読み込む（シミュレータの場合）。

❷ **大きなモジュールの検証**　「部分を検証して全体へ」，「全体から部分へ」を繰り返す。

❸ **トップモジュールの検証**　個々の命令動作の確認とともに，実プログラムを稼働させて，シミュレーションすることで行う。

◆◆◆◆ 演 習 問 題 ◆◆◆◆

問 8.1　本章の各節のシミュレーション（各部から基本プロセッサの全体まで）を実際に行え。

問 8.2　図 6.17 のプログラムをアセンブルせよ。fetch（図 8.5 参照），システムタスク $readmemb（図 8.6 参照），tfetch（図 8.7 参照）をコンパイルし，このプログラムを命令メモリにロードした上で，中身を読み出してみよ。

問 8.3　再帰関数を用いた階和計算の定義を以下に示す。

$$\mathrm{kaiwa}(N) = \begin{cases} \mathrm{kaiwa}(N-1) + N & (N \geqq 1) \\ 0 & (N = 0) \end{cases}$$

この定義式に従ったアセンブラのプログラムを書き，これをアセンブルして機械語プログラムを作れ（本プログラムの作成は，サブルーチンの書き方の練習になると同時に，メモリ読み書きの命令，ジャンプ命令，ジャンプアンドリンク命令などのテストになる）。

問 8.4　問 8.2 で得られた機械語プログラムを本章で検証した基本プロセッサ（シミュレータ）の命令メモリに格納し，これを実行させよ。N=20 として正しい結果（10 進数の 210）が出たかどうか確認せよ。

9 FPGAによる実装

ここまでで，われわれは基本プロセッサを設計し，シミュレーションによって検証してきた。本章では，FPGA の上にこれを実装し，稼働させる。

9.1 FPGA の原理

FPGA は，ユーザが何度も自由に設計し直すことのできる論理デバイスである。

典型的な FPGA の原理を，**図9.1** に示す。FPGA は，**論理ブロック**（logic block，略してLB）と呼ばれる構成単位が多数並んだ構造をもち，各論理ブロック間は単純なスイッチネットワークによって結線されている（図（a）参照）。

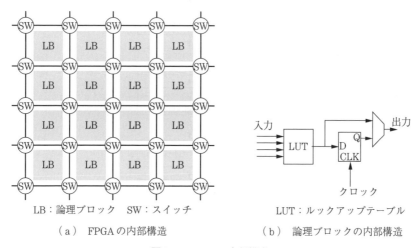

LB：論理ブロック　SW：スイッチ　　　　　　　LUT：ルックアップテーブル

（a）　FPGA の内部構造　　　　　　　（b）　論理ブロックの内部構造

図9.1　FPGA の内部構成

論理ブロック内は，**ルックアップテーブル**（look up table，略して LUT）と呼ばれる小規模な RAM とフリップフロップによって構成される（図（b）参照）。LUT の中身は SRAMなどの書換え可能メモリであり，これを書き換えることで，任意の論理関数を実現する。

FPGA は，論理ブロック内の LUT の書換えと，スイッチ（SW，SWitch）の設定による結線の変更によって，任意の論理回路を，何度でも自由に実現することが可能である。論理回路を実現するために必要なハードウェア量はカスタム LSI よりも大きくなり，動作速度も遅

くなる欠点があるが，開発期間が短く，開発コストが小さく，稼働させながら設計を最適化したりバグ取りすることができる利点があり，また故障箇所を回避して再構成するなどの方法で信頼性を高めることもできるため，現在ではさまざまな用途で用いられている。

9.2 設 計 の 手 順

基本プロセッサの論理設計を一通り済ませたところで，いよいよ実装に移る。ここでは，プログラマブルな素子である FPGA を用いた設計から実装への流れを理解し，これを実践する。

9.2.1 手順の具体化

図 9.2 に基本プロセッサの設計・試作手順を具体化した。以下，われわれの設計した基本プロセッサについて，手順を具体的に述べる。

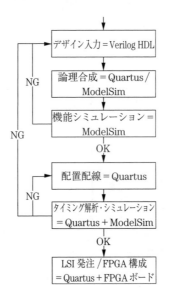

図 9.2 設計・実装手順

9.2.2 デザイン入力

本書では，Verilog HDL を用いた（7章参照）。他の選択肢として，図式，VHDL，SpecC などによる入力が考えられる。

9.2.3 論 理 合 成

Quartus Prime と ModelSim によって論理合成を行った（7.3.2項，8章参照）。

9.2.4 機能シミュレーション

Verilog HDL で記述し，ModelSim でこれを行った（8章参照）。

9.2.5 配 置 配 線

配置配線を最適化するのは，実装面積を小さくし，実行速度（クロック周波数）を上げるためである。カスタム LSI の場合，ここですべての論理素子の配置と配線を決めることになる。FPGA の場合は，与えられた論理機能を実現するための論理ブロックの割付けをし，これを結合するスイッチの状態を決めることが配置配線の作業となる。

一般に LSI 上の素子の最適な配置配線を求めるのは，たいへんな時間を要する問題であり，実際には近似的な手法でこれを行っている。

Quartus Prime では，論理合成（コンパイル）時に配置配線も行って，遅延時間を算出している。配置配線をさらに最適化したい場合には，手動・自動の手段が用意されている。

本書で設計した基本プロセッサは単純なものであり，われわれの目的は論理動作の確認であって速度に関する最適化ではない。よって，ここでは，論理合成の結果正しい回路が生成され，目的とするクロック速度で動作することをシミュレーションおよび実機で検証することで，配置配線が正しく行われたことを確認することとする。

9.2.6 タイミング解析・シミュレーション

ModelSim は優れたシミュレーション環境を提供するが，Intel FPGA の正確な遅延データを知り，配置配線・設計ダウンロードをするには，Quartus Prime の本来の機能を用いなければならない。そのための手順を**図 9.3** に示す。

① Quartus Prime を起動し，"File〉New Project" をクリックして，新しいプロジェクトを作る。その際，"EDA Tool Settings" 画面で，"Simulation" の項目で，"Tool-name" に "ModelSim-Altera"，"Format" に "Verilog" をセットする。
② Verilog HDL ファイルを読み込んで，"Processing〉Start Compilation" をする（論理合成）。エラーが出なければ，ここで Quartus Prime 上から離れる。
③ ModelSim を起動し，"File〉New〉Project" をクリックして，新しいプロジェクトを作る。
④ "File〉Add to Project〉Existing File" をクリックして，Quartus Prime で作成した .v，.vo，.sdo ファイルや利用したライブラリファイル（9.3.5 項参照）を必要に応じてプロジェクトに加える。.v ファイルは Quartus Prime のプロジェクトの置かれたディレクトリにあるが，他のファイルは，その下の "simulation¥modelsim" の下にある点に注意。
⑤ 8 章で示したシミュレーションを実行し，目標とするクロック速度で正しく動作することを確認する。
⑥ 検証された設計について，ピンの割付けを行い（9.3.6 項参照），Quartus Prime から FPGA にダウンロードし（9.3.7 項参照），稼働させる（9.4 節参照）。

図 9.3 Quartus Prime と ModelSim を用いた設計の流れ

9.3 FPGA 上の実装

本節では，FPGA ボード上で稼働させ，結果を表示させるための手順を学ぶ。

9.3.1 FPGA ボード

ここでは三菱電機マイコン機器ソフトウエア株式会社製の FPGA ボード MU500-RXSET01（**図 9.4** 参照）を用いることとした。搭載されている FPGA（CycloneEP 4CB30）は 32 ビットアーキテクチャを実装するのに必要なゲート規模があり，クロックやリセットの生成回路，LED 表示装置など必要なツール群なども付属していて，安価であることがその理由である。付録 D. に MU500-RXSET について記す。

9.3.2 実装用の設計の修正（1）——命令メモリとプログラムのロード——

ModelSim を用いたシミュレーションでは，システムタスク $readmemb を用いて機械語プログラムをロードすることができた（8.2.2 項参照）。FPGA による実装では，このシステムタスクを使うことができないし，命令メモリを 2 次元配列で実現するのは面積の点で不利である。

そこで，あらかじめ命令メモリにプログラムをロードした状態の回路を作り，FPGA にダウンロードするようにする。

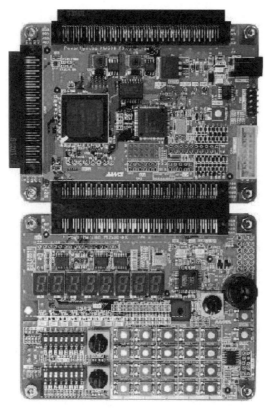

図 9.4　FPGA ボード　MU500-RXSET01

　Quartus Prime ではメモリのライブラリ（メガファンクション）が用意されており，ここに初期設定の機能があるので，これを利用する。すなわち，メガファンクションの機能でROM を生成し，アセンブラで作った機械語プログラムを ROM の初期化ファイルに入れておく。

　具体的な手順を付録 E.1 に記す。これに伴い，モジュール fetch は不要となる。

9.3.3　実装用の設計の修正（2）——データメモリ——

　命令メモリに続いて，データメモリもメガファンクションで実現する。具体的な手順は付録 E.2 に示した。

9.3.4　実装用の設計の修正（3）——結果の表示——

　ModelSim や Quartus のシミュレータでは，プログラムの実行中や終了時の任意の信号の値を表示させることができた。実機（MU500-RXSET01）上での実行ではこれはできない。

　図 9.4 に示されているとおり，MU500-RXSET01 では 8 個の 7 SEG ディスプレイが装備さ

れており，これをレジスタの値の表示に用いることができる。われわれの基本プロセッサの場合，これは，**図9.5**の手順によって可能となる。

---

① プログラムの最後に無限ループを作り，ここでソースレジスタとして計算結果が格納されているレジスタを指定する。具体的には，つぎの命令を最後に挿入すればよい。
　　　　endloop: beq reg, reg, endloop
ここで，reg には結果の値が格納されているとした。
② 上記の reg の値を 7 SEG ディスプレイ出力用の信号に変換し，これをトップモジュールの出力とする。

図9.5　結果表示のための設計変更

7 SEG ディスプレイの表示方法は，付録 D.2 を参照されたい。ここで，32 ビットのデータを表示するためのモジュールは，**図9.6**のようになる。

さらに，トップモジュールもディスプレイ用の出力のための変更が必要となる。これを**図9.7**に示す[†]。

```
module seg_decoder (mo, mi);
input [3:0] mi;
output [7:0] mo;

function [7:0] seg_decode;
    input [3:0] mi;
    case (mi)
        4'h0:  seg_decode=8'b11111100;
        4'h1:  seg_decode=8'b01100000;
        4'h2:  seg_decode=8'b11011010;
        4'h3:  seg_decode=8'b11110010;
        4'h4:  seg_decode=8'b01100110;
        4'h5:  seg_decode=8'b10110110;
        4'h6:  seg_decode=8'b10111110;
        4'h7:  seg_decode=8'b11100000;
        4'h8:  seg_decode=8'b11111110;
        4'h9:  seg_decode=8'b11110110;
        4'ha:  seg_decode=8'b11101110;
        4'hb:  seg_decode=8'b00111110;
        4'hc:  seg_decode=8'b00011010;
        4'hd:  seg_decode=8'b01111010;
        4'he:  seg_decode=8'b10011110;
        4'hf:  seg_decode=8'b10001110;
        endcase
endfunction

    assign mo=seg_decode (mi);
```

図9.6　7 SEG ディスプレイによる表示のためのモジュール

[†]　なお，FPGA ボードのリセット入力がアクティブローであり，基本プロセッサのリセットがアクティブハイであったことから，ここで前者を反転させている。

```
endmodule

module seg_decoder32 (mi, mo);
input [31:0] mi;
output [63:0] mo;

    seg_decoder dec0 (mo [7:0], mi [3:0]);
    seg_decoder dec1 (mo [15:8], mi [7:4]);
    seg_decoder dec2 (mo [23:16], mi [11:8]);
    seg_decoder dec3 (mo [31:24], mi [15:12]);
    seg_decoder dec4 (mo [39:32], mi [19:16]);
    seg_decoder dec5 (mo [47:40], mi [23:20]);
    seg_decoder dec6 (mo [55:48], mi [27:24]);
    seg_decoder dec7 (mo [63:56], mi [31:28]);
endmodule
```

図 9.6　つづき

```
module MU500CPU(clk, rstd, displayA, selA, displayB, selB);
input clk, rstd;
output [7:0] displayA, displayB;
output [3:0] selA, selB;
reg [7:0] displayA, displayB;
reg [3:0] selA, selB;
wire [63:0] seg_out;
wire [31:0] pc, ins, reg1, reg2, result, nextpc;
wire [4:0] wra;
wire [3:0] wren;

ins_mem ins_mem_body (~rstd, nextpc[7:0], clk, ins);
    execute execute_body (clk, ins, pc, reg1, reg2, wra, result, nextpc);
    writeback writeback_body (clk, rstd, nextpc, pc);
    reg_file rf_body (clk, rstd, result, ins[25:21], ins[20:16], wra,
                      (~| wra), reg1, reg2);
    seg_decoder32 dec32_body (reg1, seg_out);

    always @(posedge clk or negedge rstd)
        begin
            if (!rstd)
                begin
                    selA <= 4'b0111;
                    selB <= 4'b0111;
                end
            else if (clk)
                begin
                    selA[0] <= selA[3];
                    selA[1] <= selA[0];
                    selA[2] <= selA[1];
                    selA[3] <= selA[2];
                    selB[0] <= selB[3];
                    selB[1] <= selB[0];
                    selB[2] <= selB[1];
```

図 9.7　結果の表示に伴うトップモジュールの変更

```
                    selB[3] <= selB[2];
                end
        end

    always @(posedge clk or negedge rstd)
        begin
            if (!rstd)
                begin
                    displayA <= 8'b00000000;
                    displayB <= 8'b00000000;
                end
                else if (clk)
                begin
                    case(selA)
                        4'b0111:
                            begin
                                displayA <= seg_out[39:32];
                            end
                        4'b1011:
                            begin
                                displayA <= seg_out[63:56];
                            end
                        4'b1101:
                            begin
                                displayA <= seg_out[55:48];
                            end
                        4'b1110:
                            begin
                                displayA <= seg_out[47:40];
                            end
                    endcase
                    case(selB)
                        4'b0111:
                            begin
                                displayB <= seg_out[7:0];
                            end
                        4'b1011:
                            begin
                                displayB <= seg_out[31:24];
                            end
                        4'b1101:
                            begin
                                displayB <= seg_out[23:16];
                            end
                        4'b1110:
                            begin
                                displayB <= seg_out[15:8];
                            end
                    endcase
            end
    end

endmodule
```

図 9.7　(つづき)

以上の改良点を加えた基本プロセッサの Veilog HDL を，付録 E.3 に掲載しておく。

9.3.5 Quartus Prime ライブラリを用いたときの ModelSim の使い方

Quartus Prime のライブラリを用いた場合には，ModelSim でのシミュレーションに注意が必要となる。具体的には，つぎの 2 点が必要になる。

① 　コンパイルの対象として，メガファンクション機能によって新たに作ったモジュールの入った .v ファイルを加える。

② 　シミュレーション開始の際の "Design Unit" に，メガファンクションによって新たに作ったモジュールとライブラリモジュールを加える。

9.3.6 ピ ン 割 付 け

タイミングシミュレーションが完了したところで，いよいよ設計データを FPGA にダウンロードすることとなるが，その前に，FPGA の入出力用のピンにどういう信号を割り付けるか（ピン割付け，pin assignment）を決めなくてはならない。

われわれが自ら FPGA ボードを設計する場合は，ピン割付けに大きな自由度がある。一方，既存の FPGA ボードを使う場合には，いくつかのピン（クロック，リセットなど）の意味が決まっている。どちらの場合も，まだ決まっていないピンについて，トップモジュールの入出力信号と照らし合わせながらこれを決めていく。

Quartus Prime では，**ピンプランナー**（pin planner）と呼ばれるツールを使ってピン割付けを行う。ピンプランナーは "Assignment〉Pin Planner" で起動される。**図 9.8** にピンプランナーを使って基本プロセッサの割付けを行っている場面を示す。基本プロセッサでは，信号 clk，rstd の二つの入力信号と，7 SEG ディスプレイへの出力信号を合計 26 本のピンに割り付ける。

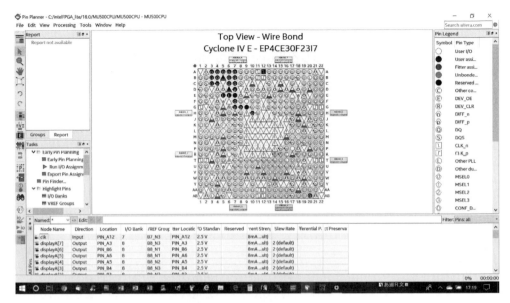

図9.8 ピンの割付け（途中図）

Quartus Prime では，ピンへの割付けの後，再びコンパイルを行い，ダウンロードする最終的なデータを得る。

9.3.7 設計データの FPGA ボードへのダウンロード

Quartus Prime を使って設計を行ったホストコンピュータと FPGA ボードとの間をケーブルで接続し，ドライバをインストールする。これに成功したら，Quartus Prime を起動し，**図9.9**の手順で，ダウンロードを行う。

---

① "Tools〉Programmer" をクリックする（**図9.10** の画面）。
② "Hardware Setup.." ボタンをクリックしてダウンロードケーブルを指定する。
③ "Auto Detect" ボタンをクリックしてボード上の FPGA が認識されていることを確認する。
④ "Program/Configure" 欄をチェックして，"Start" ボタンをクリックする。これでダウンロードが行われる。

図9.9 FPGA への設計データのダウンロード手順

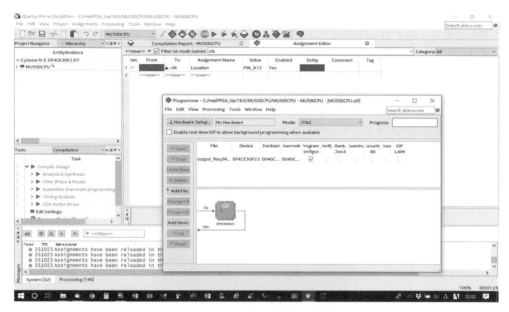

図 9.10　FPGA の構成（途中画面）

9.4　FPGA ボード上のプログラム実行例

9.4.1　1 + 1 = 2 の実行

「1 + 1 = 2 のプログラムをロードした基本プロセッサ」（付録 E. 参照）を MU500-

図 9.11　実行結果（1）（1 + 1 = 2）

RXSET01 にダウンロードし，リセットボタンを押してプログラムを稼働させる。

　実行結果を，**図 9.11** の写真で示す。7 SEG ディスプレイに，"2" が出力されていることがわかる。

9.4.2　階 和 計 算

　9.4.1 項と同様に，8.7.4 項の階和計算プログラムを実行した結果を**図 9.12** の写真で記す。写真で表示されている 16 進数 d2 は 10 進数で 210 であり，1 ～ 20 までの数の和が正しく求められたことがわかる[†]。

図 9.12　実行結果（2）（階和計算）

9.5　改　　　　良

9.5.1　設 計 の 改 良

　本書では，ライブラリの多用によって，設計の中身をブラックボックス化することを恐れたため，ベンダの用意したライブラリを極力使わない設計をとった。また，遅延時間や面積については，あまり考慮しない設計となっている。現実のプロセッサの設計では，当然のことながら，面積・実行速度などに細心の気配りが必要となる。

　本書の基本プロセッサについて，まったく同じアーキテクチャでも改良するべき点は多数ある。以下の諸点などは，読者諸賢が試みられたい。

[†]　プログラムの最終行は図 9.5 で示した無限ループに変更した。

① レジスタファイルにメモリライブラリ（3ポートRAM）を用いる。
② 論理合成のオプションとして，面積・遅延時間の最適化レベルをあげる。

9.5.2　アーキテクチャの改良

　基本プロセッサは，命令セットアーキテクチャを実現する点で完全なものである。一方で，効率や大容量化，マルチユーザ環境などを考えると，特権命令の追加，パイプライン，キャッシュ，仮想記憶，命令レベル並列処理，アウトオブオーダ処理などを導入・実装することが必要となる。これらは，基本アーキテクチャの実装を学んだ読者の皆さんのつぎなるチャレンジの対象である。

─《本章のまとめ》─

❶ **設計から実装まで**　手順を具体化し，各手順で用いるツールを決める。ここではVerilog HDLで入力，ModelSimで論理合成・論理シミュレーション，Quartus Primeで再度合成・遅延データなどを収集，ModelSimで遅延シミュレーション，Quartus Primeで実装，という流れである。

❷ **FPGA**　field programmable gate array。回路構成をプログラムによって自在に何度でも変更することができる。

❸ **配置配線とタイミング解析・シミュレーション**　実際の設計では，配置配線を最適化して，高速化する。

❹ **メモリライブラリの利用**　CAD付属のメガファンクション機能を利用する。必要に応じてメモリ初期化ファイルを作成する。

❺ **FPGAボードへのダウンロード**　設計のダウンロードとともに，初期設定，プログラムのダウンロードなどを行う。

❻ **表示・デバッグ**　FPGAボードに設置された表示装置を活用する。そのための設計・プログラムをあらかじめ追加しておく。

◆◆◆◆ 演 習 問 題 ◆◆◆◆

問9.1　適当なFPGAボードを入手できたら，本章の手順に従って，基本プロセッサを実装せよ。

問9.2　問9.1の環境で，9.4節の二つのプログラムを実行し，正しく動作したことを確認せよ。

問9.3　9.5.1項で述べたように，レジスタファイルを3ポートRAMのライブラリを利用することで構成せよ。Quartus Primeの場合は，アドレスと書込みデータが必ず一度クロックで取り込まれる点に注意せよ。

問9.4　新しい命令を一つ考え，これを基本プロセッサに追加せよ。アセンブラ（fetchモジュール生成プログラム）を修正し，この命令が扱えるようにせよ。さらに，基本プロセッサをFPGA上にダウンロードして新しい命令が正しく動作することを確認せよ。

付　　　　録

A.　Quartus

Quartus は，デザイン入力，論理合成，機能シミュレーション，配置配線，タイミング解析・シミュレーションの各ツールを含む総合 CAD ツールであり，Intel 社によって提供される。以下，Quartus Prime Lite Edition（無料）のインストールについて説明する。

A.1　準　　　　備

Intel 社 の WWW ページ（https://www.intel.co.jp/content/www/jp/ja/software/programmable/quartus-prime/download.html，2020 年 2 月現在）を開き，ここから，Quartus Prime Lite Edition の ダウンロードページ（**図 A.1**）に移動する。ダウンロードページには，本ソフトウェアを動かすためのコンピュータの構成（空きディスク容量など），OS の版（Windows の version）などの情報が含まれているので，自分のコンピュータがこれを満足しているか確認する。

http://fpgasoftware.intel.com/18.0/?edition=lite&platform=windows（2020 年 2 月現在）
図 A.1　Quartus ダウンロードページ

A.2　インストール

Quartus のダウンロードページを開き，ここから Quartus を適当なフォルダ上にダウンロードする。ファイル名は，QuartusSetupWeb-13.0.0.156.exe（version 13.0 の場合）などとなる。

ダウンロードしたファイルは実行形式なので，これをダブルクリックして Quartus をインストールする。途中，インストール先フォルダなどを尋ねられるので，入力する。

A.3　起　　　　　動

通常の Windows アプリケーションと同様のやりかたで，Quartus を起動すると，**図 A.2** の画面が表示されるようになる。

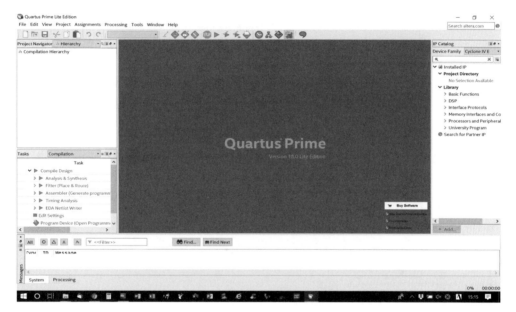

図 **A.2**　Quartus 起動画面

A.4　チュートリアル

Quartus の起動に成功したら，「Help」メニューの下の「PDF Tutorial」をクリックし，簡単な回路の設計とシミュレーションを一通り勉強してみるとよい。チュートリアルは英語である。英語の不得意な人は，WWW 上で日本語による解説ページを検索してみるとよい。

B.　ModelSim

ModelSim は，Mentor Graphics 社の CAD システムであり，本書では，設計したモジュールやプロセッサを Verilog HDL で入力したシミュレーション記述に従ってテスト・検証するのをおもな目的として用いる。以下，Quartus Prime Lite 向け ModelSim-Intel FPGA Edition（無料）のインストールについて説明する。

B.1 準   備

Intel 社 の WWW ページ（https://www.intel.co.jp/content/www/jp/ja/software/programmable/
quartus-prime/download.html，2020 年 2 月現在）を開き，ここから，Quartus Prime Lite 向け
ModelSim-Intel FPGA Edition のダウンロードページに移動する。これは，Quartus Prime Lite
Edition ダウンロードページ（付録 A. 図 A.1）と同じもので，ModelSim をダウンロードするための
入口は，Quartus Prime Lite のそれのすぐ下にある。ここでも，本ソフトウェアを動かすためのコ
ンピュータの構成（空きディスク容量など），OS の版（Windows の version）などの情報を参照し，
自分のコンピュータがこれを満足しているか確認すること。

B.2 インストール

ModelSim のダウンロードページを開き，ここから ModelSim を適当なフォルダ上にダウンロード
する。ファイル名は，ModelSimSetup-18.0.0.614-windows.exe（version 18.0 Quartus Prime Lite 用
の場合）などとなる。

ダウンロードしたファイルは実行形式なので，これをダブルクリックして ModelSim をインストー
ルする。

B.3 起   動

通常の Windows アプリケーションと同様のやりかたで，ModelSim を起動する。すると，**図 B.1**
の画面が表示される。

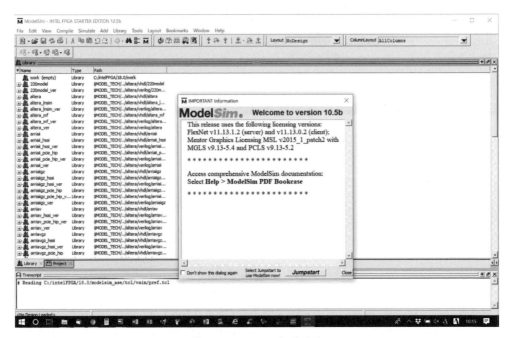

図 B.1 ModelSim 起動画面

B.4　チュートリアル

ModelSim の起動に成功したら，“Help〉PDF Documentation〉Tutorial” をクリックし，簡単な回路の設計とシミュレーションを一通り勉強してみるとよい．特に，設計とシミュレーション記述のコンパイル，波形出力の指定，波形出力画面上の操作，メモリの内容の表示・書込みなどはよく理解しておくこと．

C.　基本プロセッサの Verilog HDL 記述

7 章で設計した基本プロセッサの全体の記述を**図 C.1** に示した．

```
module fetch (pc, ins);
        input [7:0] pc;
        output [31:0] ins;
        reg [31:0] ins_mem [0:255];
    initial $readmemb ("sample2. bnr", ins_mem);// for program load
    assign ins=ins_mem [pc];
endmodule

module data_mem (address, clk, write_data, wren, read_data);
    input [7:0] address;
    input clk, wren;
    input [7:0] write_data;
    output [7:0] read_data;
    reg [7:0] d_mem [0:255];

    always @(posedge clk)
        if (wren == 0) d_mem [address]<= write_data;
    assign read_data=d_men [address];
endmodule

module execute (clk, ins, pc, reg1, reg2, wra, result, nextpc);
        input clk;
        input [31:0] ins, pc, reg1, reg2;
        output [4:0] wra;
        output [31:0] result, nextpc;
        wire [5:0] op;
        wire [4:0] shift, operation;
        wire [25:0] addr;
        wire [31:0] dpl_imm, operand2, alu_result, nonbranch, branch, mem_address, dm_r_data;
        wire [3:0] wren;

function [4:0] opr_gen;
        input [5:0] op;
        input [4:0] operation;
        case (op)
                6'd0:opr_gen=operation;
                6'd1:opr_gen=5'd0;
                6'd4:opr_gen=5'd8;
                6'd5:opr_gen=5'd9;
```

図 C.1

```
                6'd6:opr_gen=5'd10;
                default:opr_gen=5'h1f;
        endcase
endfunction

function [31:0] alu;
        input [4:0] opr, shift;
        input [31:0] operand1, operand2;
        case (opr)
                5'd0:alu=operand1 + operand2;
                5'd1:alu=operand1 - operand2;
                5'd8:alu=operand1 & operand2;
                5'd9:alu=operand1 | operand2;
                5'd10:alu=operand1 ^ operand2;
                5'd11:alu=~(operand1 & operand2);
                5'd16:alu=operand1 << shift;
                5'd17:alu=operand1 >> shift;
                5'd18:alu=operand1 >>> shift;
                default; alu=32'hffffffff;
        endcase
endfunction

function [31:0] calc;
        input [5:0] op;
        input [31:0] alu_res, lt, dpl_imm, dm_r_data, pc;
        case (op)
                6'd0, 6d1, 6'd4, 6'd5, 6'd6:calc=alu_result;
                6'd3:calc=dpl_imm << 16;
                6'd16:calc=dm_r_data;
                6'd18:calc={{16{dm_r_data [15]}}, dm_r_data [15:0]};
                6'd20:calc={{24{dm_r_data [7]}}, dm_r_data [7:0]};
                6'd41:calc=pc + 32'd1;
                default:calc=32'hffffffff;
        endcase
endfunction

function [31:0] npc;
        input [5:0] op;
        input [31:0] reg1, reg2, branch, nonbranch, addr;
          case (op)
                6'd32:npc=(reg1 == reg2)? branch:nonbranch;
                6'd33:npc=(reg1! = reg2)? branch:nonbranch;
                6'd34:npc=(reg1 < reg2)? branch:nonbranch;
                6'd35:npc=(reg1 <= reg2)? branch:nonbranch;
                6'd40, 6'd41:npc=addr;
                6'd42:npc=reg1;
                default:npc=nonbranch;
          endcase
endfunction

function [4:0] wreg;
        input [5:0] op;
```

図 C.1（つづき）

```
        input [4:0] rt, rd;
        case (op)
                6'd0:wreg=rd;
                6'd1, 6'd3, 6'd4, 6'd5, 6'd6, 6'd16, 6'd18, 6'd20:wreg=rt;
                6'd41:wreg=5'd31;
                default:wreg=5'd0;
        endcase
endfunction

function [3:0] wrengen;
        input [5:0] op;
        case (op)
                6'd24:wrengen=4'b0000;
                6'd26:wrengen=4'b1100;
                6'd28:wrengen=4'b1110;
                default:wrengen=4'b1111;
        endcase
endfunction

        assign op=ins [31:26];
        assign shift=ins [10:6];
        assign operation=ins [4:0];
        assign dpl_imm={{16{ins [15]}}, ins [15:0]};
        assign operand2=(op == 6'd0)? rege2:dpl_imm;
        assign alu_result=alu (opr_gen (op, operation), shift, reg1, operand2);

        assign mem_address=(reg1 + dpl_imm)>>> 2;
        assign wren=wrengen (op);
        data_mem data_mem_body0 (mem_address [7:0], clk, reg2 [7:0], wren [0], dm_r_data [7:0]);
        data_mem data_mem_body1 (mem_address [7:0], clk, reg2 [15:8], wren [1], dm_r_data [15:8]);
        data_mem data_mem_body2 (mem_address [7:0], clk, reg2 [23:16], wren [2], dm_r_data [23:16]);
        data_mem data_mem_body3 (mem_address [7:0], clk, reg2 [31:24], wren [3], dm_r_data [31:24]);

        assign wra=wreg (op, ins [20:16], ins [15:11]);
        assign result=calc (op, alu_result, dpl_imm, dm_r_data, pc);

        assign addr=ins [25:0];
        assign nonbranch=pc + 32'd1;
        assign branch=nonbranch + dpl_imm;
        assign nextpc=npc (op, reg1, rege2, branch, nonbranch, addr);

endmodule // end of execute

module writeback (clk, rstd, nextpc, pc);
        input clk, rstd;
        input [31:0] nextpc;
        output [31:0] pc;
        reg [31:0] pc;
        always @(negedge rstd or posedge clk)
          begin
                if (rstd == 0) pc<= 32'h00000000;
                else if (clk == 1) pc <= nextpc;
```

図 C.1（つづき）

```
          end
endmodule

module reg_file (clk, rstd, wr, ra1, ra2, wa, wren, rr1, rr2);
        input clk, rstd, wren;
        input [31:0] wr;
        input [4:0] ra1, ra2, wa;
        output [31:0] rr1, rr2;
        reg [31:0] rf [0:31];

        assign rr1=rf [ra1];
        assign rr2=rf [ra2];
        always @(negedge rstd or posedge clk)
           if (rstd == 0) rf [0] <= 32'h00000000;
                else if (wren == 0) rf [wa]<= wr;
endmodule

module computer (clk, rstd);
   input clk, rstd;
   wire [31:0] pc, ins, reg1, reg2, result, nextpc;
   wire [4:0] wra;
   wire [3:0] wren;

        fetch fetch_body (pc [7:0], ins);
        execute execute_body (clk, ins, pc, reg1, reg2, wra, result, nextpc);
        writeback writeback_body (clk, rstd, nextpc, pc);
        reg_file rf_body (clk, rstd, result, ins [25:21], ins [20:16], wra, (~|wra), reg1, reg2);

initial $monitor ($time, "rstd=%d, clk=%d, pc=%h, ins=%h, wra=%h, reg1=%h, reg2=%h",
                rstd, clk, pc, ins, wra, reg1, reg2);// for simulations
endmodule
```

図 C.1（つづき）

D.　FPGA ボ ー ド

D.1　FPGA ボ ー ド

　実験で用いる FPGA ボードについて，これを自作する方法と既存のものを使う方法がある。われわれ利用者の欲しい機能だけを使いやすく実現するには自作がよいと思われるが，自作にはコストと手間がかかる。既存の実験用 FPGA ボードも，昨今は多くの種類が販売されており，機能・使いやすさともに充実している。ここでは，既存の FPGA ボードを用いることとした。

　FPGA ボードを選ぶにあたっては，図 D.1 のようなことを検討する必要がある。

　① の FPGA の規模は大きいほうがよいが，大きいものは高価になる。必要に応じてメモリを外付けにするなどの工夫をして適切な規模に抑える。また，② CAD ソフトウェアとの接続性，③ 入出力のしやすさ，④ ツール群の充実度については，Intel 社，Xilinx 社ともに優れた機能・接続性などをもっており，ModelSim などと併用すれば，通常は問題ない。したがって，ボードを選ぶポイントは，⑤〜⑨であろう。

　⑤ は，クロック生成・周波数調整，リセットボタン，データ入力ボタン，再構成用のボタンなど

が必要である。⑥ は，LED，7 SEG ディスプレイなどである。⑦ のメモリは，現実に応用プログラムを動作させてチェックするためには必要である。⑧ の拡張性については，外付けメモリの拡張，表示部の拡張，拡張用のスロットが付いているものが望ましい。

```
①　FPGA の実装規模
②　CAD ソフトウェアとの接続性
③　入出力のしやすさ
④　ツール群の充実度
⑤　調整用スイッチ・ボタン類
⑥　結果の表示法
⑦　外付けメモリの量
⑧　拡張性
⑨　価格
```

図 D.1　FPGA ボード選定にあたっての留意点

以上を勘案して ⑨ コストのかからないものを入手すればよい。

今回は，三菱電機マイコン機器ソフトウエア株式会社製の，MU500-RXSET01 を選んだ。本 FPGA ボードの写真を**図 D.2** に，諸元を**表 D.1** に示す[†]。

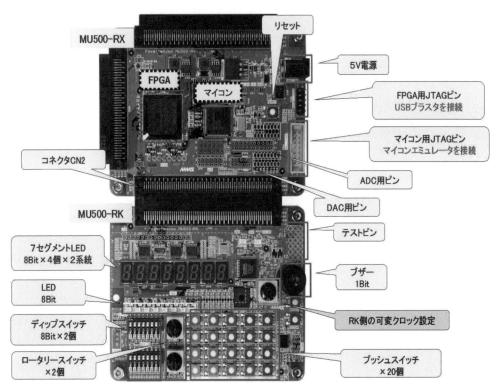

図 D.2　FPGA ボード　MU500-RXSET01

---

†　三菱電機マイコン機器ソフトウエア株式会社解説書による。

表 D.1 MU500-RXSET01 諸元

搭載 FPGA	Intel 社 Cyclone IV ファミリ（EP4CE30F2317N）（PQFP240 ピンパッケージ）デバイス
検証可能な回路規模	LE 数 28 848（1 LE12 ゲート換算で 346 176 ゲート）
コンフィギュレーション	JTAG10 ピンヘッダを経由して，FPGA へ回路を書込み可能
外部インタフェース	120 ピン拡張コネクタ，80 ピン拡張コネクタ，EI ピンヘッダ，JTAG10 ピンヘッダ
ユーザインタフェース	7 セグメント LED，LED，テンキー，ロータリースイッチ，8 ビットディップスイッチ，ブザー
クロック	搭載発振器は 20 MHz。さらに，1 Hz 〜 40 MHz の範囲で 15 種類のクロックを選択することができる。また，1 クロックスイッチ押下ごとに 1 クロックを発生させることが可能

CycloneEP4CE30 には 329 本の入出力ピンがある。このうち，本書で割付けを行ったのは，**表 D.2** で示す 26 本のピンである。

表 D.2 本書で割り付けるピンの配置

clk	A12	rstd	AB20
displayA[0]	B5	displayB[0]	D7
displayA[1]	A4	displayB[1]	A7
displayA[2]	B3	displayB[2]	D6
displayA[3]	B4	displayB[3]	B7
displayA[4]	A5	displayB[4]	C7
displayA[5]	A6	displayB[5]	E7
displayA[6]	B6	displayB[6]	F7
displayA[7]	A3	displayB[7]	C6
selA[3]	E6	selB[3]	G7
selA[2]	E5	selB[2]	G8
selA[1]	C4	selB[2]	G9
selA[0]	C3	selB[0]	H10

D.2　7 SEG ディスプレイ用の信号生成

7 SEG ディスプレイは，**図 D.3** に示すように，8 個の LED から成り，それぞれ 1 ビットの信号で点灯する。これによって，16 進数を一つ表示することができる（**表 D.3** 参照）。MU500-RXSET01

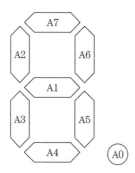

図 D.3　7 SEG ディスプレイ

表 D.3　7 SEG ディスプレイの入力と表示

A[7..0]	View	A[7..0]	View	A[7..0]	View	A[7..0]	View
1111 1100	0	0110 0110	4	1111 1110	8	0001 1010	c
0110 0000	1	1011 0110	5	1111 0110	9	0111 1010	d
1101 1010	2	1011 1110	6	1110 1110	A	1001 1110	E
1111 0010	3	1110 0000	7	0011 1110	b	1000 1110	F

には 8 個の 7 SEG ディスプレイが実装されており，これを用いて，16 進数で 8 桁（32 ビット）の数が表示される。

D.3　FPGA ボードの使い方

（1）　ホストコンピュータとの接続

　ホストコンピュータとは，プリンタケーブル経由で D-SUB25 ピンコネクタか，USB ケーブル・USB ブラスタ経由で J-TAG ピンに接続する。ここでは後者を用いた[†]。

　Quartus Prime のフォルダの下に USB ブラスタのセットアップ情報があるので，これを用いてドライバをインストールする。さらに，Quartus Prime 上で，"Tools〉Programmer〉Hardware Setup" をクリックし，USB ブラスタを選択する。これで，FPGA ボードとデータの授受ができるようになる。

（2）　Quartus Prime から FPGA ボードへの設計ダウンロード

　本文 9.3 節の "Tools〉Programmer" の手順による。

（3）　稼働

　リセット，クロックの投入によって FPGA を稼働させる。最初は，ステップ動作させる，遅いクロックで動作させるなどの工夫が必要な場合もあるが，シミュレーション動作が確認されている場合，FPGA が所期の稼働をしなければピン配置のミスや付加回路のバグを疑ってみるところから始めるのがよいだろう。

E．　FPGA にダウンロードする基本プロセッサ（Verilog HDL）

E.1　命令フェッチ部

　命令フェッチ部には，Quartus Prime のメモリライブラリを用いる。ここでは，つぎの手順で，1 ポート ROM である module ins_mem を作り，これを命令メモリとして用いる。

①　Quartus Prime の中で，"Tools〉IP Catalog" をクリックする。

②　右のウィンドウで "On Chip Memory" を選択する。

③　さらに，"ROM：1-PORT" を選び，モジュール名を ins_mem とする。

④　つぎのウィンドウでアドレスとデータのビット幅を選択する。

⑤　つぎの画面で，クロックで取り込むところとアドレスレジスタのリセットを選択する。ここでは，"'q' output port" の取込みをオフにし，アドレスレジスタの非同期リセットをオンにする。

⑥　つぎの画面でメモリの初期値を与えるファイルを指定する。ここでは，作業ディレクトリの下の program.mif とする。

---

†　USB ブラスタについては，https://www.intel.co.jp/content/dam/altera-www/global/ja_JP/pdfs/literature/ug/ug_usb_blstr_j.pdf（2020 年 2 月現在）　などを参照のこと。

⑦　つぎの画面では "Next"，さらにつぎの画面では "Finish" をクリックして完了。

　つぎに，命令メモリを初期化するために，program.mif ファイルを作成する。program.mif の中身を図 **E.1** のように作る。

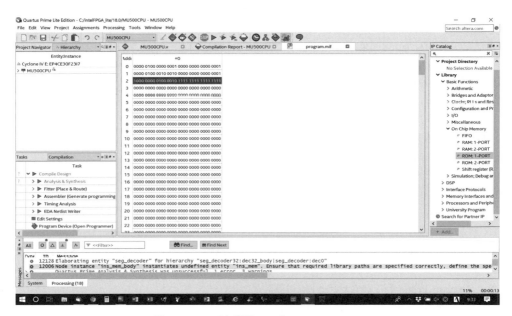

図 **E.1**　メモリ初期化ファイル　program.mif

　ここにアセンブラが生成する機械語プログラムを入れればよい。図 E.1 の場合は，図 **E.2** の 1+1＝2 のプログラムが入っている。

　なお，ここでは命令メモリの空き領域にはすべて 0 を入れることとした。

```
        addi r1, r0, 1
        addi r2, r1, 1
endloop: beq r2 r2 endloop
```

図 **E.2**　1+1＝2 のプログラム

ins_mem はモジュールであり，図 **E.3** のように呼び出して使う[†]。

```
ins_mem ins_mem_body (reset, nextpc, clk, ins);
```

図 **E.3**　ins_mem の呼出し

E.2　データメモリ

　E.1 節と同様に，module data_mem を作成する。

①　Quartus Prime の中で，"Tools〉IP Catalog" をクリックする。

②　右のウィンドウで "On Chip Memory" を選択する。

---

　†　どのような引き数があるかは，生成される ins_mem.v の中を見ればわかる。ここでは，reset がアクティブハイである点などに注意されたい。

③　さらに，"RAM：1-PORT" を選び，モジュール名を data_mem とする。

④　つぎの画面でアドレスとデータのビット幅を選択する。

⑤　つぎの画面で，"'q' output port" の取込みをオフにする。

⑥　つぎの画面では，E.1 節と異なり，メモリの初期値を与えるファイルを指定しない。

⑦　つぎの画面では "Next"，さらにつぎの画面では "Finish" をクリックして完了。

data_mem の呼出しは，**図 E.4** のように行う†。

```
data_mem data_mem_body (address, clk, write_data, wren, read_data);
```

図 E.4　data_mem の呼出し

E.3　本体のモジュール群

E.1 節，E.2 節で導入した命令メモリおよびデータメモリを用いることにより，設計の本体は，**図 E.5** のようになる。メモリライブラリの性格から，初期値や信号のアクティブハイ，アクティブローが変更になっている場所（太字で示した）がある。

```
module execute(clk, ins, pc, reg1, reg2, wra, result, nextpc);
   input clk;
   input [31:0] ins, pc, reg1, reg2;
   output[4:0] wra;
   output[31:0] result, nextpc;
   wire [5:0] op;
   wire [4:0] shift, operation;
   wire [25:0] addr;
   wire [31:0] dpl_imm, operand2, alu_result, nonbranch, branch, mem_address, dm_r_data;
   wire [3:0] wren;

function [4:0] opr_gen;
   input [5:0] op;
   input [4:0] operation;
   case (op)
      6'd0: opr_gen = operation;
      6'd1: opr_gen = 5'd0;
      6'd4: opr_gen = 5'd8;
      6'd5: opr_gen = 5'd9;
      6'd6: opr_gen = 5'd10;
      default: opr_gen = 5'h1f;
   endcase
endfunction

function [31:0] alu;
   input [4:0] opr, shift;
   input [31:0] operand1, operand2;
   case (opr)
      5'd0: alu = operand1 + operand2;
```

図 E.5

---

†　wren（ライトイネーブル）信号がアクティブハイであり，アドレスと書込みデータが必ず clk の立上りでラッチされる点に注意されたい。

```
      5'd1: alu = operand1 - operand2;
      5'd8: alu = operand1 & operand2;
      5'd9: alu = operand1 | operand2;
      5'd10: alu = operand1 ^ operand2;
      5'd11: alu = ~(operand1 & operand2);
      5'd16: alu = operand1 << shift;
      5'd17: alu = operand1 >> shift;
      5'd18: alu = operand1 >>> shift;
      default: alu = 32'hffffffff;
   endcase
endfunction

function [31:0] calc;
   input [5:0] op;
   input [31:0] alu_result, dpl_imm, dm_r_data, pc;
   case (op)
      6'd0, 6'd1, 6'd4, 6'd5, 6'd6: calc = alu_result;
      6'd3: calc = dpl_imm << 16;
      6'd16: calc = dm_r_data;
      6'd18: calc = {{16{dm_r_data[15]}}, dm_r_data[15:0]};
      6'd20: calc = {{24{dm_r_data[7]}}, dm_r_data[7:0]};
      6'd41: calc = pc+32'd1;
      default: calc = 32'hffffffff;
   endcase
endfunction

function [31:0] npc;
   input [5:0] op;
   input [31:0] reg1, reg2, branch, nonbranch, addr;
      case (op)
         6'd32: npc = (reg1 == reg2)? branch : nonbranch;
         6'd33: npc = (reg1 != reg2)? branch : nonbranch;
         6'd34: npc = (reg1 < reg2)? branch : nonbranch;
         6'd35: npc = (reg1 <= reg2)? branch : nonbranch;
         6'd40, 6'd41: npc = addr;
         6'd42: npc = reg1;
         default: npc = nonbranch;
      endcase
endfunction

function [4:0] wreg;
   input [5:0] op;
   input [4:0] rt, rd;
   case (op)
      6'd0: wreg = rd;
      6'd1, 6'd3, 6'd4, 6'd5, 6'd6, 6'd16, 6'd18, 6'd20: wreg = rt;
      6'd41: wreg = 5'd31;
      default: wreg = 5'd0;
   endcase
endfunction

function [3:0] wrengen;
```

図 E.5（つづき）

```
   input [5:0] op;
   case (op)
      6'd24: wrengen = 4'b1111;
      6'd26: wrengen = 4'b0011;
      6'd28: wrengen = 4'b0001;
      default: wrengen = 4'b0000;
   endcase
endfunction

   assign op = ins[31:26];
   assign shift = ins[10:6];
   assign operation = ins[4:0];
   assign dpl_imm = {{16{ins[15]}}, ins[15:0]};
   assign operand2 = (op == 6'd0)? reg2: dpl_imm;
   assign alu_result = alu(opr_gen(op, operation), shift, reg1, operand2);

   assign mem_address = (reg1 + dpl_imm) >>> 2;
   assign wren = wrengen(op);
   data_mem data_mem_body0 (mem_address[7:0], ~clk, reg2[7:0], wren[0], dm_r_data[7:0]);
   data_mem data_mem_body1 (mem_address[7:0], ~clk, reg2[15:8], wren[1], dm_r_data[15:8]);
   data_mem data_mem_body2 (mem_address[7:0], ~clk, reg2[23:16], wren[2], dm_r_data[23:16]);
   data_mem data_mem_body3 (mem_address[7:0], ~clk, reg2[31:24], wren[3], dm_r_data[31:24]);

   assign wra = wreg(op, ins[20:16], ins[15:11]);
   assign result = calc(op, alu_result, dpl_imm, dm_r_data, pc);

   assign addr = ins[25:0];
   assign nonbranch = pc+32'd1;
   assign branch = nonbranch + dpl_imm;
   assign nextpc = npc(op, reg1, reg2, branch, nonbranch, addr);

endmodule  // end of execute

module writeback(clk, rstd, nextpc, pc);
   input clk, rstd;
   input [31:0] nextpc;
   output[31:0] pc;
   reg [31:0] pc;
   always @(negedge rstd  or posedge clk)
      begin
         if (rstd == 0) pc <= 32'hffffffff;
         else if (clk == 1) pc <= nextpc;
      end
endmodule

module reg_file(clk, rstd, wr, ra1, ra2, wa, wren, rr1, rr2);
   input clk, rstd, wren;
   input [31:0] wr;
   input [4:0] ra1, ra2, wa;
   output [31:0] rr1, rr2;
   reg [31:0] rf [0:31];
```

図 E.5（つづき）

```
   assign rr1 = rf[ra1];
   assign rr2 = rf[ra2];
   always @(negedge rstd or posedge clk)
      if (rstd == 0) rf[0] <= 32'h00000000;
      else if (wren == 0) rf[wa] <= wr;
endmodule

module seg_decoder(mo, mi);
input [3:0] mi;
output [7:0] mo;

function [7:0] seg_decode;
input [3:0] mi;
   case(mi)
      4'h0: seg_decode = 8'b11111100;
      4'h1: seg_decode = 8'b01100000;
      4'h2: seg_decode = 8'b11011010;
      4'h3: seg_decode = 8'b11110010;
      4'h4: seg_decode = 8'b01100110;
      4'h5: seg_decode = 8'b10110110;
      4'h6: seg_decode = 8'b10111110;
      4'h7: seg_decode = 8'b11100000;
      4'h8: seg_decode = 8'b11111110;
      4'h9: seg_decode = 8'b11110110;
      4'ha: seg_decode = 8'b11101110;
      4'hb: seg_decode = 8'b00111110;
      4'hc: seg_decode = 8'b00011010;
      4'hd: seg_decode = 8'b01111010;
      4'he: seg_decode = 8'b10011110;
      4'hf: seg_decode = 8'b10001110;
   endcase
endfunction

assign mo = seg_decode(mi);
endmodule

module seg_decoder32(mi, mo);
input [31:0] mi;
output [63:0] mo;
   seg_decoder dec0(mo[7:0], mi[3:0]);
   seg_decoder dec1(mo[15:8], mi[7:4]);
   seg_decoder dec2(mo[23:16], mi[11:8]);
   seg_decoder dec3(mo[31:24], mi[15:12]);
   seg_decoder dec4(mo[39:32], mi[19:16]);
   seg_decoder dec5(mo[47:40], mi[23:20]);
   seg_decoder dec6(mo[55:48], mi[27:24]);
   seg_decoder dec7(mo[63:56], mi[31:28]);
endmodule

module MU500CPU(clk, rstd, displayA, selA, displayB, selB);
input clk, rstd;
output [7:0] displayA, displayB;
```

図 E.5 （つづき）

```
output [3:0] selA, selB;
reg [7:0] displayA, displayB;
reg [3:0] selA, selB;
wire [63:0] seg_out;
wire [31:0] pc, ins, reg1,reg2, result, nextpc;
wire [4:0] wra;
wire [3:0] wren;

ins_mem ins_mem_body (~rstd, nextpc[7:0], clk, ins);
    execute execute_body (clk, ins, pc, reg1, reg2, wra, result, nextpc);
    writeback writeback_body (clk, rstd, nextpc, pc);
    reg_file rf_body (clk, rstd, result, ins[25:21], ins[20:16], wra, (~|wra), reg1, reg2);
    seg_decoder32 dec32_body (reg1, seg_out);

    always @(posedge clk or negedge rstd)
      begin
        if (!rstd)
          begin
            selA <= 4'b0111;
            selB <= 4'b0111;
          end
        else if (clk)
          begin
            selA[0] <= selA[3];
            selA[1] <= selA[0];
            selA[2] <= selA[1];
            selA[3] <= selA[2];
            selB[0] <= selB[3];
            selB[1] <= selB[0];
            selB[2] <= selB[1];
            selB[3] <= selB[2];
          end
      end

    always @(posedge clk or negedge rstd)
      begin
        if (!rstd)
          begin
            displayA <= 8'b00000000;
            displayB <= 8'b00000000;
          end
  else if (clk)
          begin
            case(selA)
              4'b0111:
                begin
                  displayA <= seg_out[39:32];
                end
              4'b1011:
                begin
                  displayA <= seg_out[63:56];
                end
```

図 E.5（つづき）

```
            4'b1101:
              begin
                displayA <= seg_out[55:48];
              end
            4'b1110:
              begin
                displayA <= seg_out[47:40];
              end
          endcase
          case(selB)
            4'b0111:
              begin
                displayB <= seg_out[7:0];
              end
            4'b1011:
              begin
                displayB <= seg_out[31:24];
              end
            4'b1101:
              begin
                displayB <= seg_out[23:16];
              end
            4'b1110:
              begin
                displayB <= seg_out[15:8];
              end
          endcase
      end
  end


//initial $monitor($time, " rstd=%d, clk=%d, pc=%h, ins=%h, wra=%h, reg1=%h, reg2=%h",
//               rstd, clk, pc, ins, wra, reg1, reg2);

endmodule
```

図 E.5（つづき）

引用・参考文献

[1] David A. Patterson and John L. Hennessy：Computer Organization and Design, 3rd Edition, Morgan Kaufman（2004）（邦訳 成田光彰：コンピュータの構成と設計—ハードウエアとソフトウエアのインタフェース—，日経 BP 社（2006）

[2] 坂井修一（電子情報通信学会編）：コンピュータアーキテクチャ，コロナ社（2004）

[3] 坂井修一：論理回路入門，培風館（2003）

[4] Quartus Prime Lite ダウンロードサイト https://www.intel.co.jp/content/www/jp/ja/software/programmable/quartus-prime/download.html （2020 年 2 月現在）

[5] 小林　優：入門 Verilog HDL 記述（改訂版），CQ 出版社（2004）

[6] 枝　均：Verilog–HDL による論理合成の基礎，テクノプレス（2002）

[7] デザインウェーブマガジン編集部編：FPGA/PLD 設計スタートアップ，CQ 出版社（2005）

[8] James O. Hamblen, Tyson S. Hall, Michael D. Furman：Rapid Prototyping of Digital Systems：Quartus II Edition, Springer-Verlag（2005）

[9] Larry Wall, Tom Christiansen, Jon Orwan：Programming Perl, Oreilly & Associates Inc；3 Sub 版（2000）（邦訳 近藤嘉雪：プログラミング Perl（第 3 版），Vol.1，Vol.2，オライリー・ジャパン（2002）

[10] 堀桂太郎：図解 ModelSim 実習 ——ゼロからわかるディジタル回路シミュレーション——，森北出版（2005）

演習問題解答

1章

問1.1 0以上15以下の数の素数判定：$\overline{X}\cdot\overline{Y}\cdot Z + \overline{X}\cdot Y\cdot W + Y\cdot\overline{Z}\cdot W + \overline{Y}\cdot Z\cdot W$ (**解図1.1**参照)

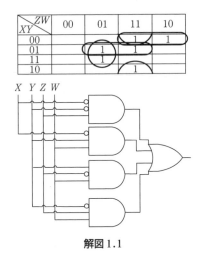

解図1.1

※ カルノー図については，論理回路の教科書を参照せよ。

問1.2 数学的帰納法を用いる。

　　任意のM入力の論理関数を$F(X_0, X_1, \cdots, X_{M-1})$とする。

　　$M=1$のときは，論理関数は，$F(X_0)=X$と$F(X_0)=\mathrm{NOT}(X)$だけであり，前者は入力をそのまま出力すればよい。後者は，2入力NAND(X, X)で実現される。

　　いま，任意のM入力の論理関数がNANDで実現されるとする。ここで，任意の$M+1$入力の論理関数$F'(X_0, X_1, \cdots, X_{M-1}, X_M)$を考えたとき，つぎの式が成り立つ。

$$F'(X_0, X_1, \cdots, X_{M-1}, X_M)$$
$$= \mathrm{NAND}(\mathrm{NAND}(F'(X_0, X_1, \cdots, X_{M-1}, 0), \mathrm{NAND}(X_M, X_M)),$$
$$\mathrm{NAND}(F'(X_0, X_1, \cdots, X_{M-1}, 1), X_M))$$

　　上式の意味は，「F'の値は，$M+1$番目の入力を0としたときの$\overline{F'}$の値と$M+1$番目の入力を1とした$\overline{F'}$の値のNANDとなる」ということである。

　　ところで，$F'(X_0, X_1, \cdots, X_{M-1}, 0)$と$F'(X_0, X_1, \cdots, X_{M-1}, 1)$は$M$入力関数とみなせるから，仮定によって，NANDで表すことができる。$F'(X_0, X_1, \cdots, X_{M-1}, X_M)$は，これらと，NANDを組み合わせたものであるから，やはりNANDで表すことができること

になる。

　　以上により，数学的帰納法によって，すべての論理関数は2入力 NAND で実現されることが証明された。

問1.3　**解図1.2**参照。

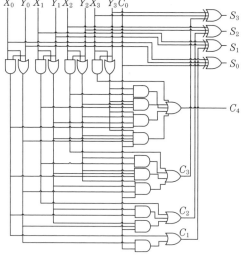

解図1.2

問1.4　すべての JK フリップフロップを**解図1.3**のように置き換えればよい。

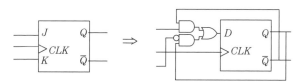

解図1.3

3 章

問3.1　（1）　10 は 10 進数の 10 だが，32 ビット信号なので 00000000000000000000000000001010。
　　　　　　　 4'd10 は 4 ビット信号なので，1010。
　　　　　（2）　'bz も 'oz も同じ意味で，32 ビットバスがすべて高インピーダンスになった状態。
　　　　　（3）　8'o 014 は 00001100。8'h 0d は，00001101 なので異なる。

問3.2　Verilog HDL 入力（**解図3.1**参照）

```
module full_adder2(A, B, Cin, S, Cout);
input A, B, Cin;
output S, Cout;

assign S=(A & ~B & ~Cin)|(~A & B & ~Cin)|(~A & ~B & Cin)|(A & B & Cin);
assign Cout=(A & B)|(B & Cin)|(Cin & A);
endmodule
```

解図3.1

問 3.3   Verilog HDL 入力（**解図 3.2** 参照）

```
module decimal_counter2(RESD, CLK, C);
input RESD, CLK;
output [3:0] D;
reg [3:0] D;

always @(posedge CLK or negedge RESD)
   begin
      if(RESD==1'b0)D<=4'b0000;
      else
         begin
            if(D==4'b1001)D<=4'b0000;
else D<=D+4'b0001;
            end
   end

endmodule
```

解図 3.2

5章

問 5.1   ROM の分類は，書込み・消去のやりかたの差によっている。

マスク ROM は，LSI のマスクに，どのセルがオンになっているかをパターンとして書き込んでおくもので，工場から出荷されたときにはメモリの内容が確定しており，以後の消去・書込みができない。

それに対して **PROM**（programmable ROM）は，ユーザによる書込みが可能である。PROM は，さらにヒューズ ROM と EPROM に分類される。ヒューズ ROM は，内部の結線を焼き切ることで記憶内容を確定するもので，一度書き込むと，二度と消去・書込みができない。これに対して **EPROM**（erasable PROM）は何度も消去が可能であり，続いて高電圧をかけることで書込みが可能である。EPROM はさらに，UVEPROM，EEPROM，フラッシュメモリに分類される。**UVEPROM**（ultra violet erasable PROM）は，紫外線を照射することで消去を行うものである。**EEPROM**（electrically erasable PROM）は電気的に消去が可能な PROM である。

フラッシュメモリは，EEPROM の一種であり，ブロック単位で読み書きができる。不揮発性の RAM として使われることもある。

問 5.2   高速化のために，メモリ動作をクロックに完全に同期させて行い，さらに連続する操作をパイプライン化することで高速化を図ったものがシンクロナス DRAM（synchronous DRAM，SDRAM）である。シンクロナス DRAM の動作を，**解図 5.1** に示す。

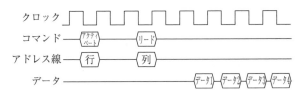

解図 5.1   SDRAM の動作

　　シンクロナス DRAM では，動作はコマンドの形で与えられる。すべての動作はクロック信号に同期しており，コマンドとアドレスを与えてから決まったクロック数の後に，データが読み書きされる。リードの場合，列アドレスが与えられてから 2～3 クロック後にデータが出始めるのが一般的である。データは，コマンドに応じて複数回連続してリードまたはライトされる。

　　図には現れていないが，コマンドは，メモリの動作とオーバラップして先行して発行することができる。すなわち，図でつぎの操作のアクティベートやリードのコマンドは，データ出力の間にも（その前にも）発行することができるため，異なる行のデータの読み書きも連続して行えるようになり，1 語 / クロックに近いデータの読み書きが可能となった。このことによって，以前の DRAM の数倍から 10 倍近い性能向上が得られた。

　　さらに，シンクロナス DRAM を，クロックの立上りと立下りの両方で動作させることで 2 倍の動作速度を実現するのが **DDR SDRAM**（double data rate SDRAM）である。

問 5.3　ユーザが自由に書き換えることで権限違反やバグの原因となる可能性がある。

6 章

問 6.3　解図 6.1 参照。

```
000001_00000_00001_0000000000000001_
000001_00000_00010_0000000000000010_
000001_00000_00011_0000000000000011_
000001_00000_00100_0000000000000100_
000001_00000_00101_0000000000000101_
000001_00000_00110_0000000000000110_
000001_00000_01001_0000000000001001_
000001_00000_01100_0000000000001100_
000001_00000_01110_0000000000001110_
000001_00000_01111_0000000000001111_
000001_00000_10011_0000000000010011_
000001_00000_11110_0000000000011110_
000000_00100_00110_00111_00000000010_
000011_00000_01000_0000000000001100_
000000_01000_01001_01010_00000001000_
000100_01010_01011_0000000000001111_
000000_01011_01100_01101_00000001001_
000000_01110_01111_10000_00000001010_
000110_10000_10001_0000000000011111_
000101_01111_10010_0000000000000111_
000000_10010_10011_10100_00000001011_
100000_00111_01000_1111111111110110_
000000_10100_00000_10101_00101_010000_
000000_10101_00000_10110_00011_010010_
000000_10110_00000_10111_00010_010001_
100001_01001_01010_0000000000000000_
011000_00001_00010_0000000000000000_
011100_00101_00110_1111111111110110_
011010_00011_00100_0000000000001000_
```

解図 6.1

```
010000_00001_11001_0000000000000000_
010010_00101_11011_1111111111110110
010100_00011_11101_0000000000001000_
100010_01011_01100_0000000000000011_
100011_01101_01110_1111111111111011_
101000_0000000000000000000001011_
101001_0000000000000000000001011_
101010_11111_00000_00000_00000000000_
```

解図 6.1 （つづき）

8章

問 8.3, 問 8.4

アセンブラによるプログラム（**解図 8.1** 参照）　機械語によるプログラム（**解図 8.2** 参照）

```
    addi r1 r0 20
    addi r30 r0 0
    addi r31 r0 16
subroutine:  ble r1 r0 terminate
    sw r1 0(r30)
    sw r31 4(r30)
    addi r30 r30 8
    addi r1 r1 -1
    jal subroutine
    addi r30 r30 -8
    lw r1 0(r30)
    lw r31 4(r30)
    add r2 r2 r1
    jr r31
terminate: addi r2 r0 0
    jr r31
endloop: beq r2 r2 endloop
```

解図 8.1

```
000001_00000_00001_0000000000010100_
000001_00000_11110_0000000000000000_
000001_00000_11111_0000000000010000_
100011_00001_00000_0000000000001010_
011000_11110_00001_0000000000000000_
011000_11110_11111_0000000000000100_
000001_11110_11110_0000000000001000_
000001_00001_00001_1111111111111111
101001_0000000000000000000000011_
000001_11110_11110_1111111111111000
010000_11110_00001_0000000000000000_
010000_11110_11111_0000000000000100_
000000_00010_00001_00010_00000000000_
101010_11111_00000_00000_00000000000_
000001_00000_00010_0000000000000000_
101010_11111_00000_00000_00000000000_
100000_00010_00010_1111111111111111
```

解図 8.2

結果は，r2 に 11010010 が入る。

あ と が き

　これは，「コンピュータを作る」本である。1本の線から始めて，32ビットのマイクロプロセッサまでをすべて自力で設計し，実際にFPGAの上にこれを実装する。読者＝実践者の皆さんは，1からコンピュータを作るおもしろさや難しさを味わわれたことだろう。特に基本プロセッサが動作した瞬間には快哉をあげられたことではないかと思う。

　この先に，パイプライン処理，スーパスカラやVLIWなどの並列処理，投機処理，マルチコア，ベクトルパイプラインなどのより進んだコンピュータの設計がある。私の研究室では，こうしたプロセッサの設計・FPGAによる実装を行っているので，これら進んだ技術の実現についても，いずれ新しい本を書くことになるかもしれない。

　ここまで進まれた読者の皆さんの努力に敬意を表するとともに，コンパイラやOSの技術についても同じように身に付けていただくことを希望する。

　コンピュータの技術，特に基本的なアーキテクチャやソフトウェアの技術は，もうほとんどが出尽くされたという人もいる。私はそれは違うと思う。並列処理やキャッシュなどの技術は20年前に比べて確かに深く成熟した感もあるが，省電力や高い安全性・信頼性の支援といった21世紀の情報化社会に最も重要なテーマは，広々と私たちの前に横たわっている。この本を読まれた皆さんの中から，次代をリードする優れたコンピュータアーキテクトが登場することを，著者として心から楽しみにしている。

索　引